# MECCANICA-MECHANICS
## Valter Caggio

ISBN: 978-1-84753-048-6

Editore: LULU
2007

LULU HEADQUARTERS
Morrisville, NC, USA

www.lulu..com

Per copie personali con dediche, contattare:

Email:adviser@valtercaggio.com
Site: www.valtercaggio.com
www.negentropy.com

**edication**

**For all living beings, thinking now.**

**edicato**

**A tutti gli esseri viventi, che stanno pensando, in questo momento.**

Appunti di:

# MECCANICA PER NON MECCANICI

## *MECHANICS FOR NON PROFESSIONAL*

**Del Prof Valter Caggio © 1999 2007**

Chi fosse interessato alla didattica mi contatti su: www.valtercaggio.com    adviser@valtercaggio.com
Lo studio si completa in cinquanta unità didattiche di circa un'ora, oltre alle ricerche internet.

ISBN: 978-1-84753-048-6

# INDICE GENERALE

## PREREQUISITI

- **Il sistema S.I**. di misura e la sua coerenza interna meccano – elettrologia…p. 8
- Derivazioni dal sistema S.I. della grandezza forza, sua vettorialità, modi di rappresentazione, **composizione delle forze, risultante, equilibrante** …p. 9
- Poligonale . Corpo rigido p.9, 11
- **Poligono funicolare …p. 12**
- Baricentro …p.14, 18, 21
- Ricerca del baricentro per figure composte
- **Coppie, momenti p.12, in tutta la statica**
- Momenti statici, **teorema di Varignon…p13**
- Primo e secondo teorema di Guldino v. qualsiasi enciclopedia tecnica.
- **Momenti d'inerzia quadratici, di superficie, polari, raggio d'inerzia p. 19**
- Calcolo parametrico del momento d'inerzia assiale baricentrico dei rettangoli p.21
- Corpi vincolati nel piano, asta snella g.d.l.
- Principali **vincoli** e relativi g.d.v.: appoggio, carrello, cerniera, incastro p.23
- **Equazioni fondamentali della statica, forma simbolica o sistema, significato di condizione di equilibrio p.24**
- **Travi isostatiche, labili e labili, a labilità non sfruttata, iperstatiche p.23**
- Sistemi di carichi con forze e momenti concentrati p.26

## SOLLECITAZIONI SEMPLICI

- **Trazione - compressione, taglio, momento flettente, momento torcente; gli sforzi $\sigma$ e $\tau$ …p. 28**
- Diagrammi delle suddette sollecitazioni con determinazione dei relativi sforzi max. ed ammissibili…p. 29, 30
- **Ragionamento di progetto e di verifica** per sollecitazioni semplici e composte, con distribuzione dei relativi sforzi**…p. 33**
- Il principio di Sant Venant …p. 40
- Il principio di sovrapposizione degli effetti
- **Relazione tra sforzi e deformazione** nella trazione e flessione…p. 41
- Deformazioni termiche - **deformazioni** di taglio, torsione, flessione…p. 44
- **Equilibrio delle macchine semplici, con i principi della statica…p. 40, prova di trazione e teorie di resistenza…p. 42**
- CINEMATICA del punto e del corpo solido …p.44
- Traiettoria, posizione, velocità, accelerazione … p.44
- **Legge oraria dei moti uniforme ed uniformemente accelerato, rettilineo, vario, circolare …p. 45**
- Moto armonico, composizione dei moti .p 45, 46
- Caduta dei gravi nel vuoto e nel fluido …p. 48

- **Il pendolo semplice** …p.48
- **Trasformazione del moto** tramite biella – manovella….p. 49

DINAMICA
  **Le tre leggi fondamentali p.50**
- Impulso e quantità di moto p.51
- Principio di D'Alembert p.51
- Lavoro, energia potenza p.52, 53
- **Principi di conservazione** p.52
- Tipologia degli **urti** p.55
- **Dinamica dei moti rotatori**, momento quadratico di massa, **comparazione formale con la dinamica dei moti traslatori** p.54
- **Attrito e resistenza del mezzo**, condizione di non slittamento p.56
- **Dalla meccanica alle macchine: motrici, operatrici, a fluido. P.57**

MACCHINE MOTRICI
IDRAULICHE
- **Pelton, Francis, Kaplan** e loro accoppiamento ai generatori elettrici p.58
- Caratteristiche, potenze, rendimenti, **triangoli delle velocità** p.63

MACCHINE OPERATRICI
IDRAULICHE
- Caratteristiche p, 60
- Tipologie di pompe volumetriche e dinamiche p. 60

**Serie e parallelo, caratteristiche del sistema idraulico p. 58**

IDROSTATICA ED
IDRODINAMICA
- **Pressione assoluta e relativa, equazione di continuità, principio di Pascal e di Archimede p.59**
- **Teorema di Bernoulli** per liquidi reali ed ideali; applicazione alle condotte p.59
- **Principi della Termodinamica**, $P \cdot V = n \, R \cdot T$, rappresentazioni di isobare, isocore, isoterme ed adiabatiche p. 61
- **Entalpia, entropia**, cicloCarnôt p.63
- .**Diagramma di Mollier** ,da procurarsi,
- **Macchine motrici ed operatrici** a gas ed a vapore p.64
- Turbine a gas ed a vapore con accoppiamento all'alternatore ,analogia p.58
- I compressori , macchine operatrici analogia di p.61
- Potenza e rendimento di impianto termoelettrico
- Designazione e classificazione degli acciai e delle ghise………....**v. appendice 1**
- **V. appedice2, calcolo dimensionamento di potenza.**
- **In conclusione i link di Meccanica e Macchine.**

## COMPLEMENTI **DI MECCANICA**

- La trasmissione della potenza, con dimensionamento di trasmissione ad ingranaggi cilindrici a denti diritti e relativo proporzionamento. …
  v .appendice 2

## APPROFONDIMENTI INTERNET

- Turbine idrauliche
- Vapore d'acqua e turbine a vapore
- Turbine a gas, termodinamica dei gas
- Cicli frigoriferi e macchine frigorifere
- Motori a scoppio 4 tempi, cicli termodinamici

TALI APPROFONDIMENTI SONO PREVISTI DA EFFETTUARSI CON RICERCHE IN INTERNET, A PARTIRE DA QUANTO CONTENUTO NEGLI ULTIMI CAPITOLI.

# SISTEMI DI UNITÀ DI MISURA

Al giorno d'oggi il sistema di unità di misura che bisogna utilizzare per legge in tutto il mondo è il SISTEMA INTERNAZIONALE, che **ha**, a suo interno, **una COERENZA MECCANO-ELETTRO LOGICA** (le relazioni fra le grandezze rispettano le leggi della meccanica e dell'elettrotecnica).

In precedenza **esistevano** due sistemi:

1. SISTEMA ANGLOSASSONE ⟨INGLESE / AMERICANO

2. SISTEMA PRATICO DECIMALE

## Sistema anglosassone

Questo sistema è stato ideato in Inghilterra (forte potenza in campo economico) e deriva da esigenze pratiche (la stoffa, ad esempio, prima veniva venduta a braccia).
Vennero introdotte, quindi, le grandezze fisiche con relativ**e** **UNITÀ'DI MISURA**. Per quanto riguarda la lunghezza il metodo con cui è stato costruito il campione è il seguente: sono stati allineati, uno dietro l'altro, sei piedi di persone diverse, la misura è stata divisa per sei e si è ricavato il campione di misura (FOOT; 1 FOOT ~ 30cm), un pezzo di ferro, posizionato sull'abazia di Westmister.

Questo campione era valido anche in America. Con il passare del tempo gli americani hanno rotto con gli inglesi, hanno costruito un proprio campione agganciato al parigino e ciò ha causato una discordanza fra i due sistemi ad elevate cifre decimali, ma, se questo numero viene moltiplicato per una cifra molto grande si viene a compiere un errore anche di centinaia di metri a livello spaziale, impedendo la collaborazione.

Sistema pratico decimale
Questo sistema utilizza il METRO come unità di misura per la LUNGHEZZA ed **il campione era una barra** di sezione X (vedi disegno) costruito in platino-iridio (materiale con coefficiente di dilatazione termica bassissimo) che veniva custodito **in un museo a Parigi.**(Sevre)

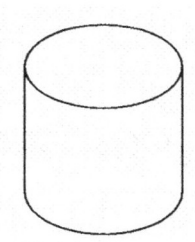

Il TEMPO era individuato con il SECONDO, che corrispondeva a : 1/86400 del giorno solare.

La FORZA era una grandezza fondamentale, era individuata con il KILOGRAMMO FORZA ($kg_f$) **e il campione era un cilindro** di platino-iridio equilatero (altezza pari al diametro).Ora valgono I campioni Atomici.

## Sistema internazionale

Il SISTEMA INTERNAZIONALE è stato costruito dall'italiano GIORGI utilizzando il metodo MKSA (MASSA, KILOGRAMMO, SECONDO, AMPERE).
**Questo è un sistema UNIVERSALE SCIENTIFICO (le grandezze sono coerenti sia con le leggi della meccanica sia con le leggi dell'elettrotecnica).**
La costruzione del sistema internazionale si è resa necessaria con nuove scoperte in ambito scientifico. Ad esempio se consideriamo un corpo, esso nel sistema internazionale è individuato mediante la sua massa che è la stessa in qualunque luogo (Terra, Luna, ecc.) mentre nel sistema tecnico il peso era variabile (il peso di un corpo misurato sulla Luna è minore , rispetto al peso dello stesso corpo misurato sulla Terra).

**Le grandezze fondamentali** nel sistema internazionale sono:

LUNGHEZZA            (m)
**MASSA**            ($kg_m$) **kg**
TEMPO            (s)
INTENSITÀ DI CORRENTE      (A)

Tutte le altre grandezze sono espresse in funzione di queste fondamentali:
**Ad esempio**

-VELOCITÀ:

$$v = S/t \qquad [m]/[s] = [m/s]$$

-ACCELERAZIONE:

$$a = \Delta v/\Delta t = S/t \times 1/t \quad [m/s][1/s] = [m/s^2]$$

-FORZA: (grandezza derivata mediante la legge di Newton)

$$F = m \times a \qquad [kg_m][m/s^2] = [N] \text{ NEWTON}$$

-LAVORO (mediante la legge di Joule)

$$L = F \times S \qquad [Nm] = [J] \text{ JOULE}$$

-POTENZA (lavoro nell'unità di tempo)

$$P = L/t \qquad [(Nm)/s] = [W] \text{ WATT}$$

$$P = V \times I \qquad [V \times A] = [W]$$

# CORPO RIGIDO

**Un corpo si definisce RIGIDO se, presi due punti qualsiasi su di esso, la loro distanza rimane INVARIANTE qualunque sia il sistema di forze a cui è sottoposto il corpo.**

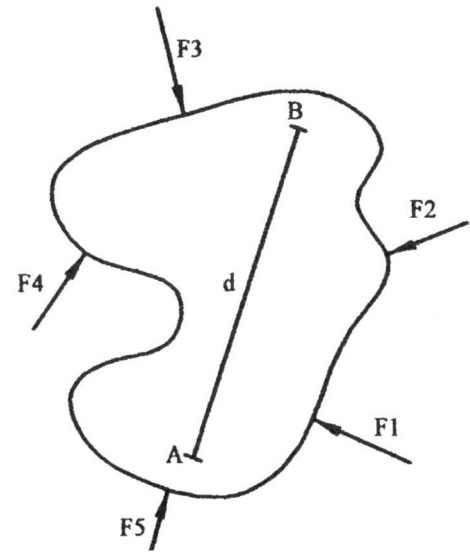

d = INVARIANTE.

Ovviamente, sottoponendo un qualsiasi corpo a forze grandissime, esso subisce una variazione di forma. **Un corpo si definisce rigido se la variazione è trascurabile.**

## RAPPRESENTAZIONE DI FORZE:

**Una forza viene rappresentata mediante un VETTORE (o** SEGMENTO ORIENTATO).

Un vettore è individuato da:
- -<u>DIREZIONE:</u>   individuato dalla retta su cui giace il vettore
- -<u>VERSO:</u>       individuato dalla punta della freccia del vettore
- -<u>INTENSITÀ:</u>   proporzionale al valore della forza che individua ed indicata graficamente mediante la lunghezza del vettore.
- -<u>PUNTO DI APPLICAZIONE:</u>   Punto della retta in cui inizia il vettore.

<u>N.B.</u>   Una forza (o un vettore) può essere spostato lungo la propria retta  senza che tale spostamento ne alteri gli effetti

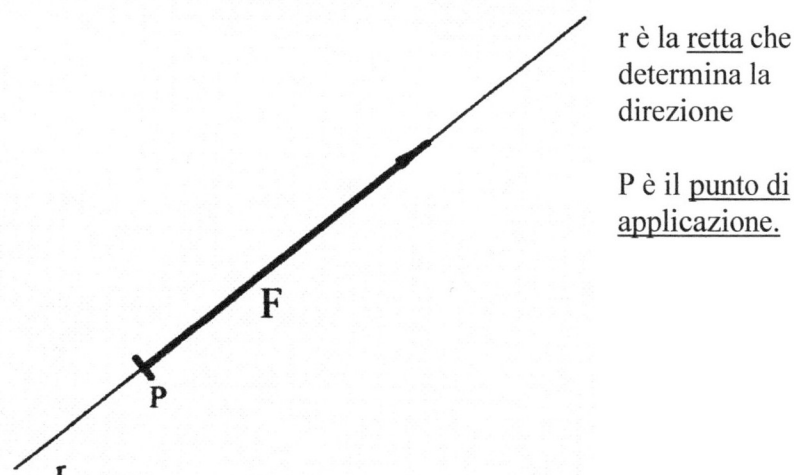

r è la <u>retta</u> che determina la direzione

P è il <u>punto di applicazione.</u>

## RISULTANTE DI FORZE

**Si definisce RISULTANTE di un sistema di forze la forza che produce gli stessi effetti del sistema dato.**

COMPOSIZIONE DI FORZE CON LA STESSA RETTA D'AZIONE

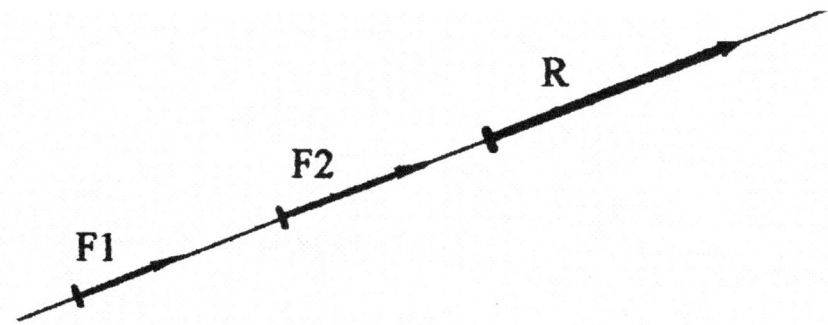

La risultante ha la stessa direzione e lo stesso verso di $F_1$ e $F_2$ e intensità che è la somma delle intensità.

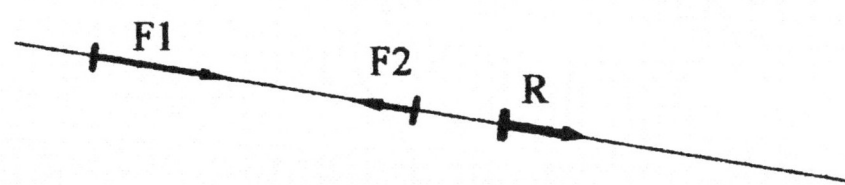

La risultante ha la direzione delle due forze, il verso di quella maggiore e l'intensità che è la differenza fra $F_1$ e $F_2$.

## COMPOSIZIONE DI FORZE CONCORRENTI

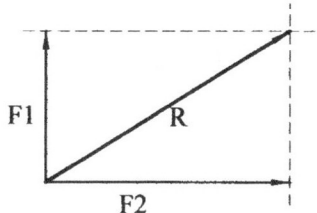

Forze perpendicolari

Per trovare la risultante si applica la
**REGOLA DEL PARALLELOGRAMMA.**

Dalla punta di $F_1$ si traccia la parallela alla retta d'azione di $F_2$ e lo stesso di fa con $F_2$.

Il punto d'incontro fra le due rette indica il punto finale della risultante.

L'intensità di R sarà data dal teorema di Pitagora:

$R=\sqrt{(R_1^2+R_2^2)}$

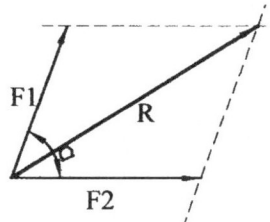

Forze formanti un angolo α diverso da 90°.

Il modulo di R si può trovare grazie al teorema di Carnot:

$R=\sqrt{(F_1^2+F_2^2+2F_1F_2\cos\alpha)}$

Forze parallele e concordi

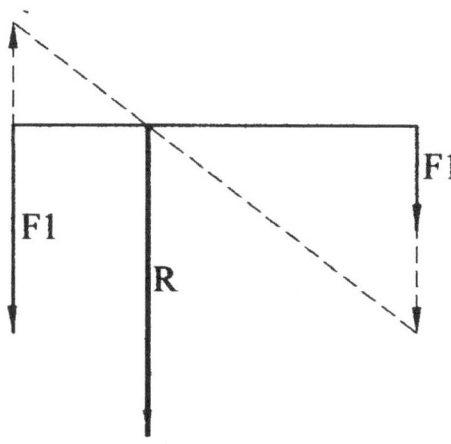

**L'intensità della risultante è:**
**$R=F_1+F_2$**

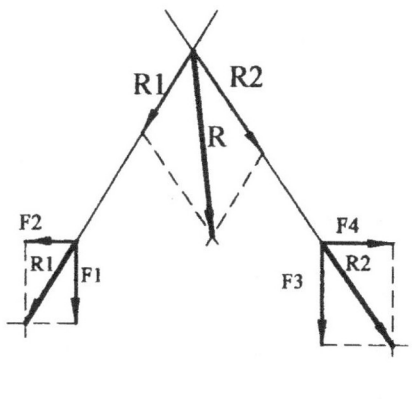

$R=\sqrt{(R_1^2+R_2^2+2R_1R_2\cos\alpha)}$

## METODO DELL'ING CATTANEO

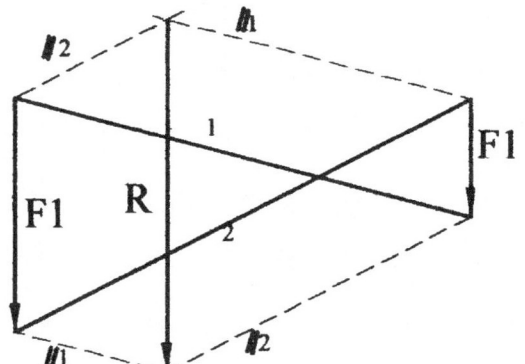

**Risultante di più forze:**

**poligonale**

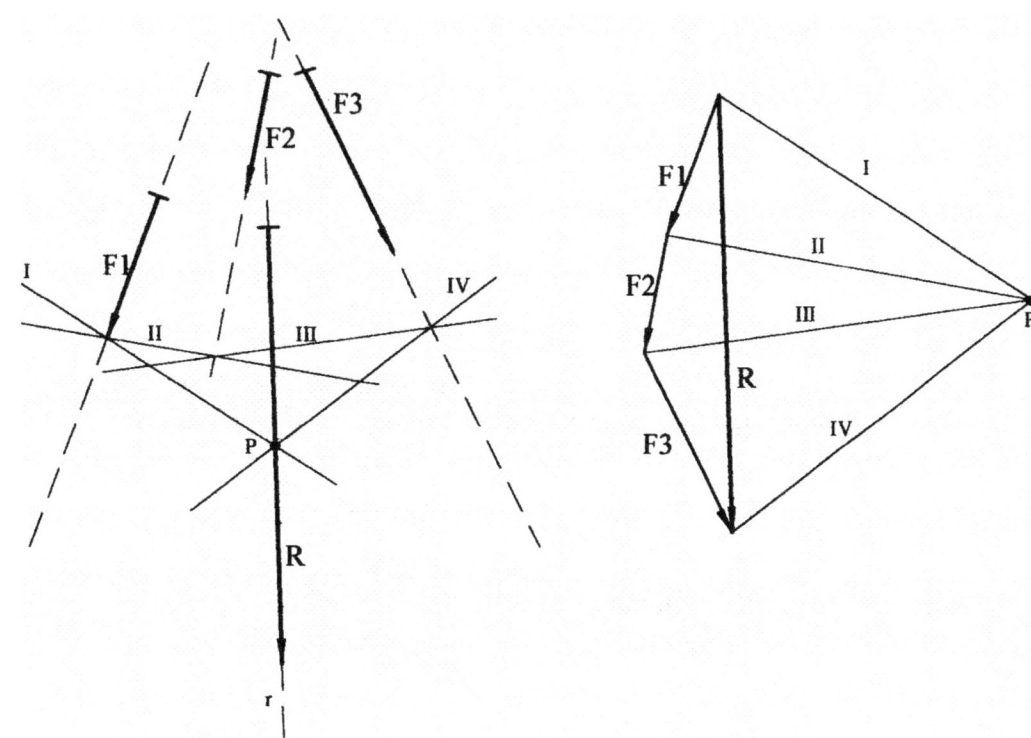

La regola applicata è quella del **POLIGONO FUNICOLARE** che permette di trovare r, la retta su cui giace la risultante delle forze.

**L'EQULIBRANTE è quella forza che ha stessa direzione, stessa intensità e verso opposto rispetto alla risultante del sistema.**

## MOMENTI DI FORZE

**Il momento di una forza rispetto ad un punto P è il prodotto** dell'intensità della forza per la distanza del punto dalla retta d'azione della forza.

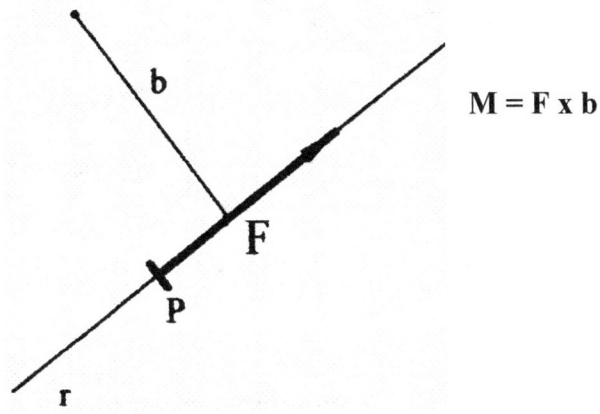

$$M = F \times b$$

La direzione e il verso del vettore momento si determinano con la **regola della mano destra:**
**si mettono le quattro dita nel senso della rotazione, il pollice indica la direzione e il verso del vettore momento.**

**TEOREMA DI VARIGNON**

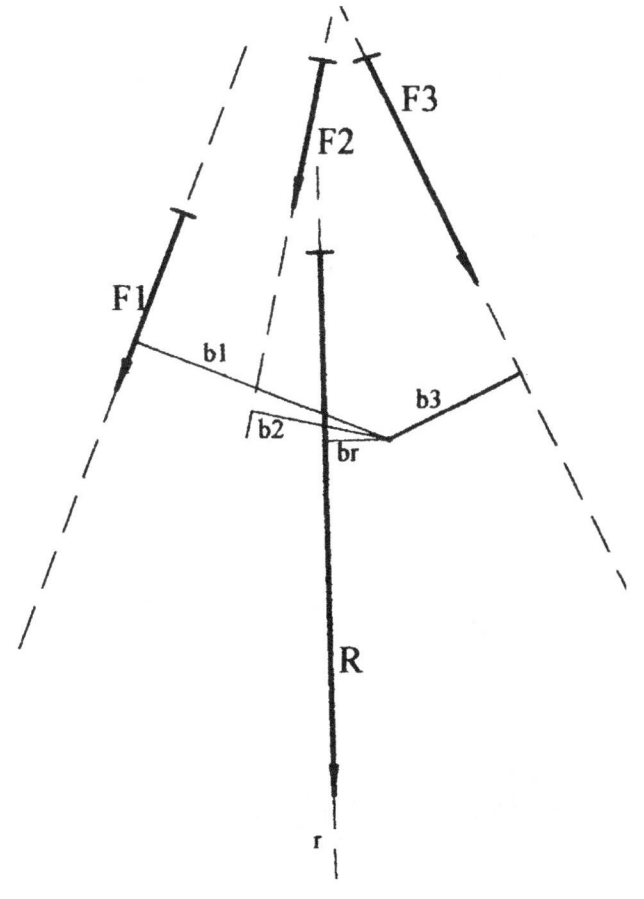

a somma dei momenti delle forze $F_1$, $F_2$, $F_3$ ed il momento della risultante R sono equivalenti.

**BARICENTRO G , CENTRO DI APPLICAZIONE DEL RISULTANTE DEL SISTEMA DI FORZE PARALLELE**

**Doppia applicazione del poligono funicolare con rotazione delle forze,**
**per identificare il punto di incontro(G) delle due rette delle risultanti incidenti tra loro.**

Segue **ESERCIZIO:**

La formula generane è:

$$\sum F_i\, b_i = R\, b_r$$

**La somma algebrica dei momenti delle singole forze rispetto ad un generico punto P eguaglia il momento della risultante.**

# DETERMINAIZONE DEL BARICENTRO IN UN SISTEMA DI QUATTRO FORZE PARALLELE

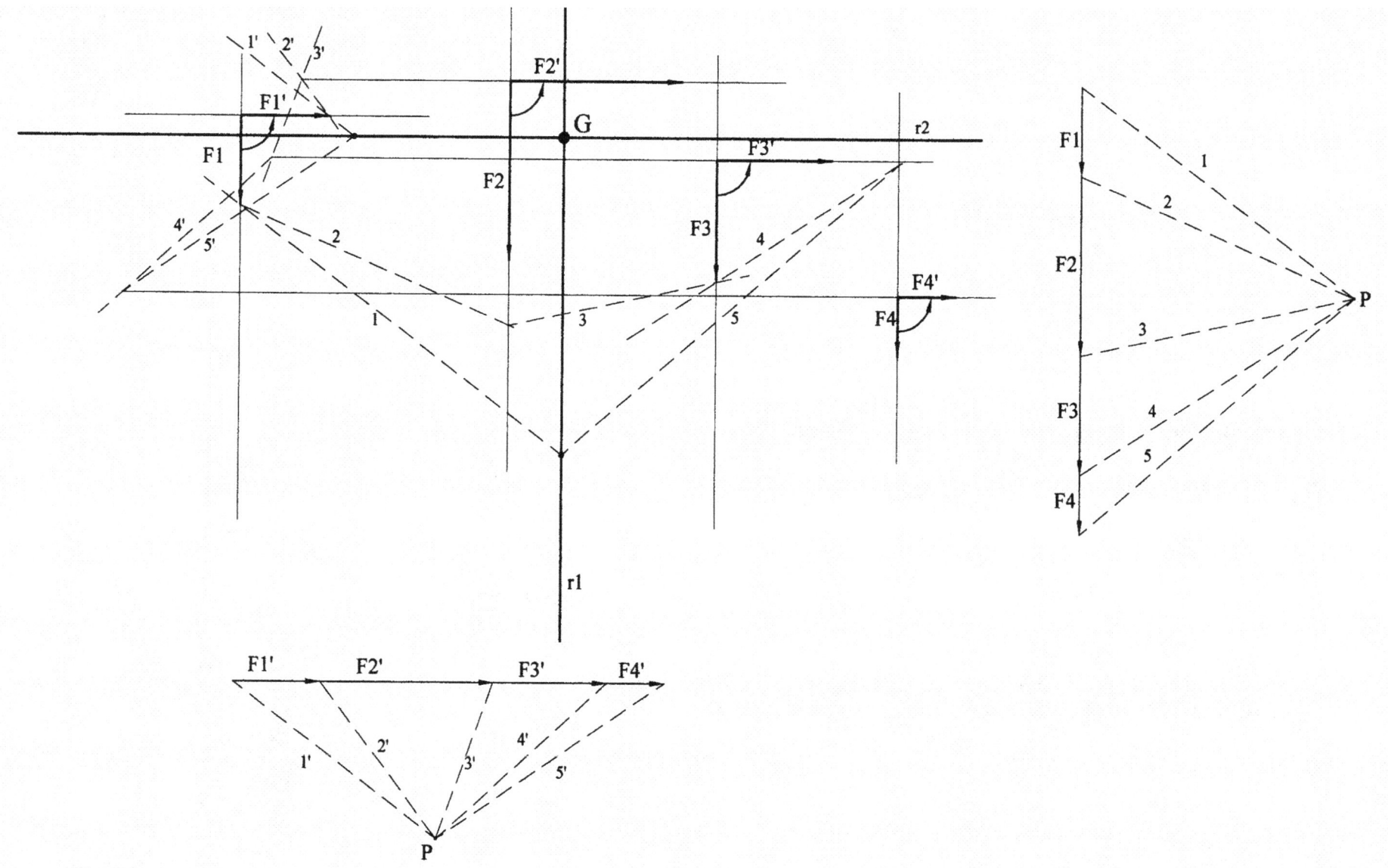

# BARICENTRO DI FIGURE A SIMMETRIA CERTA:

QUADRATO:

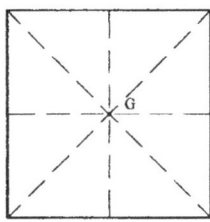

- Incontro degli assi
- Incontro delle diagonali

RETTANGOLO:

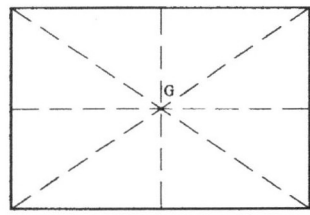

- Incontro degli assi
- Incontro delle diagonali

CERCHIO:

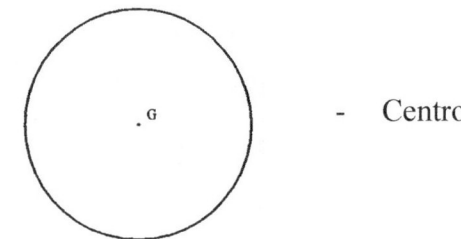

- Centro

ROMBO:

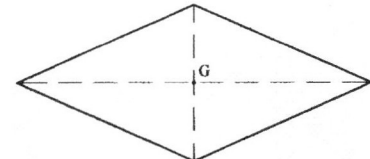

- Incontro delle diagonali

TRIANGOLO

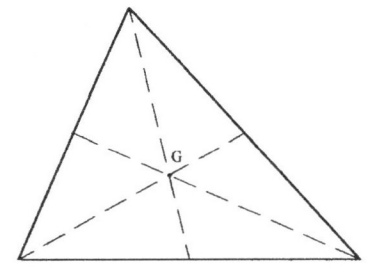

- Incontro delle mediane

SETTORE CIRCOLARE

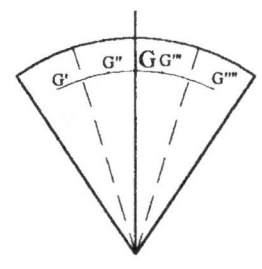

Si suddivide il settore in tanti triangolini dei quali si trova il baricentro di ognuno e poi si fa la simmetria.

## BARICENTRO DI FIGURE COMPOSTE

Si trova il baricentro di ogni singola figura, si disegna la forza peso e poi si trova il baricentro delle forze con il poligono funicolare.

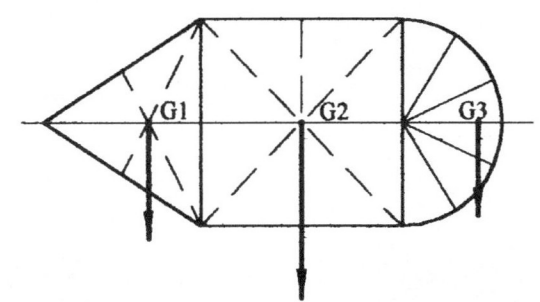

## ESERCIZIO

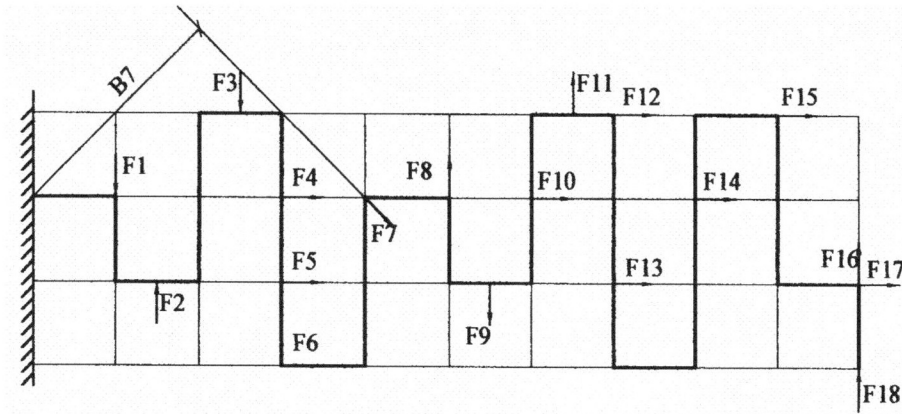

u = 1 [dm]
Fm = 1 [N]

**Esempi:**

$M_1 = F_1 \times 1$
$M_2 = F_2 \times 1.5$
$M_4 = F_4 \times 0$
$M_7 = F_7 \times 2\sqrt{2}$   **calcolarli tutti….**

## ESERCIZIO

### DETERMINARE LE EQUILIBRANTI ALL'INCASTRO DI SINISTRA

.

.

.

……………………………………………………………………

## MOMENTI STATICI E BARICENTRI DI FIGURE PIANE

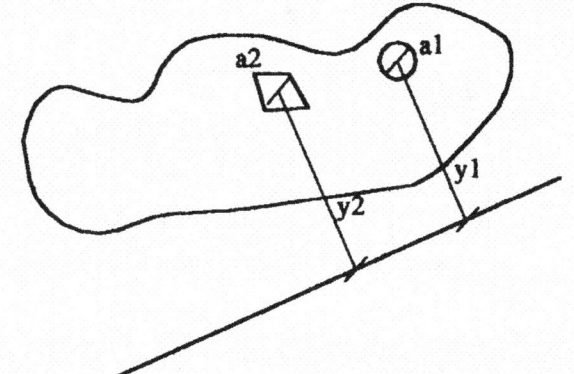

**Il momento statico è la somma algebrica dei prodotti di ciascuna area elementare per la rispettiva distanza dall'asse.**

$$S = \sum A_i \times y_i$$

Per avere una buona approssimazione bisogna:
- dividere in tante aree
- considerare come punto interno il baricentro

**Se l'asse passa per il baricentro G la somma dei momenti statici è nulla (ASSE BARICENTRICO)**

**Nella pratica si prende l'oggetto, lo si appende per un punto e si traccia la verticale quando è in equilibrio. Poi si ripete l'operazione appendendo l'oggetto per un altro punto e l'incontro delle due rette verticali è il BARICENTRO.**

**Il MOMENTO D'INERZIA è la sommatoria dei prodotti delle singole aree per il quadrato delle rispettive distanze.**

$$J = \sum a_i \, y_i^2 \qquad \text{(MOMENTO QUADRATICO)}$$

# CORPI APPOGGIATI

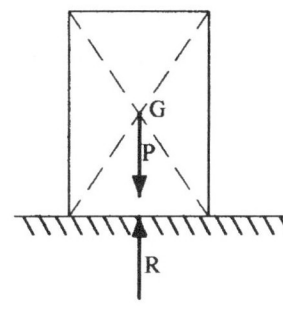

**Se il baricentro non è al centro è perché la massa non è distribuita in modo omogeneo.**

Per il principio di azione (peso P) e reazione (R) che fa si che i corpi siano in equilibrio.

Si tratta però di equilibri diversi.

L'elemento che conduce un equilibrio instabile (b) è il momento (M = P x a)

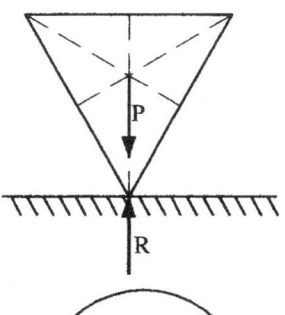

L'elemento che genera un equilibrio stabile (indifferente) è un momento M = P x a, opposto al momento.

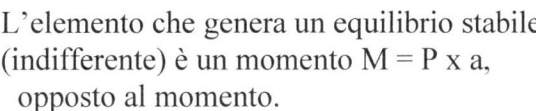

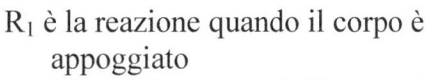

RAGIONE DELLA STABILITA'
$R_1$ è la reazione quando il corpo è
    appoggiato
$R_2$ è la reazione quando il corpo è inclinato
$M_1$ è il momento applicato
**$M_2$ è il momento raddrizzatore**
$M_2 = P \times b$

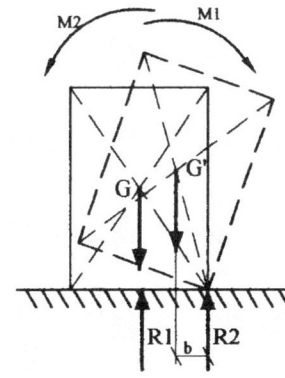

# CORPI INCERNIERATI

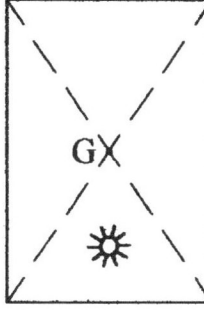

Applico la cerniera sotto il baricentro.

L'equilibrio è instabile in quanto gira e raggiunge la seguente posizione.

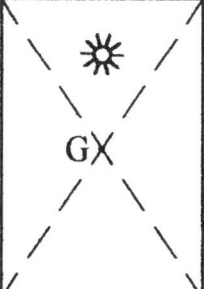

Applico la cerniera sopra il baricentro
Equilibrio stabile

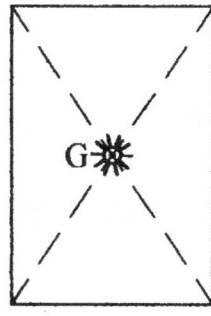

**Cerniera applicata nel baricentro, posizione a equilibrio indifferente.**

# RICERCA DEL BARICENTRO

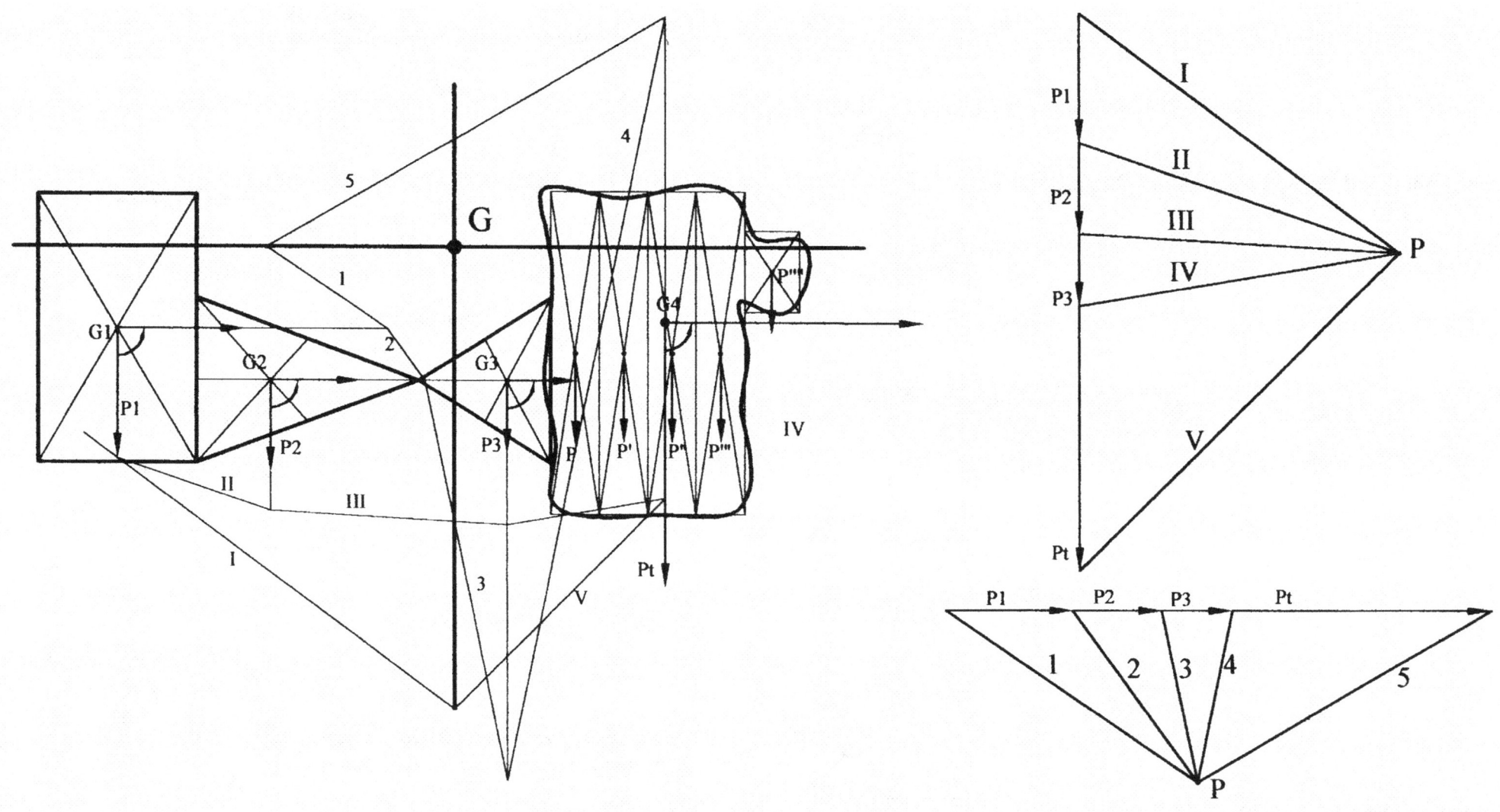

## TEOREMI DEL TRASPORTO DEI MOMENTI STATICI E DEI MOMENTI QUADRATICI D'INERZIA

$S = \sum A_i y_i$

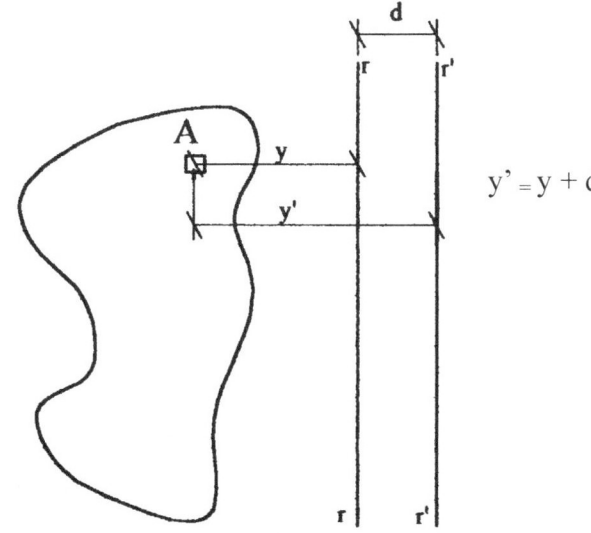

Noto il momento statico della figura rispetto all'asse r r bisogna calcolarlo rispetto ad un altro asse r' r' parallelo a r r.

$S = \sum A_i y_i$

$S^I = \sum A_i (y_i + d)^2$
$\qquad\qquad = \sum A_i y_i + A_i d$
$\qquad\qquad = \sum A_i y_i + \sum A_i d$
$\qquad\qquad = S + \sum A_i d$

$$\underline{S' = S + A\,d}$$

Il momento della superficie rispetto alla retta $r^I r^I$ è dato dalla somma del momento statico calcolato rispetto alla retta r r più il prodotto dell'area per la distanza fra la retta r r e $r^I r^I$.

La stessa cosa vale se si conosce il momento quadratico.

$$\underline{J^I = J + A\,d^2}$$

In quanto
$\sum A_i y_i^2 + A_1 d^2 \qquad = \sum A_i (y-d)^2$

$\sum A_i y^2 + \sum A_1 d^2 + \boxed{\sum A_i 2y_i^2 d_i^2}$

**QUESTO TERMINE È NULLO IN QUANTO FA PARTE DELLA RETTA BARICENTRICA E QUINDI VIENE**

$J^I = J + \sum A\,d^2$

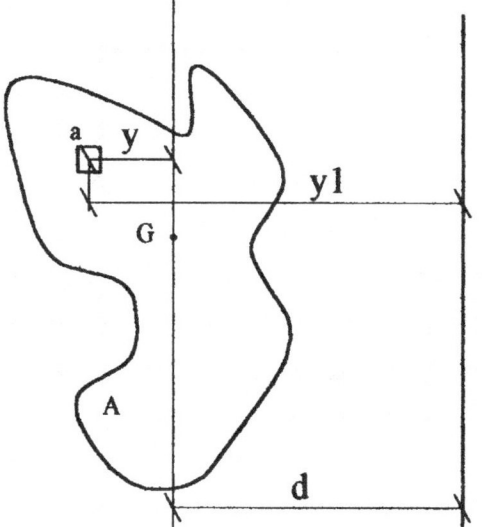

L'asse di riferimento è r r (ASSE BARICENTRICO)

$J = \sum d\,y^2 \qquad y_1 = y + d$
$J^I = \sum d_i\,y_i^2$

$J^I = \sum d_i\,(y^2 + d)^2$

$\qquad = \sum d_i\,(y^2 + \underline{2y_i\,d} + d^2)$

**NULLO**

Il momento quadratico di una figura rispetto ad un asse è dato dalla somma del momento quadratico baricentrico e l'area per la distanza dall'asse baricentrico al quadrato.

$$\underline{J^I = J_0 + A\,d^2}$$

ESERCIZIO:

**determinare il BARICENTRO della figura::**

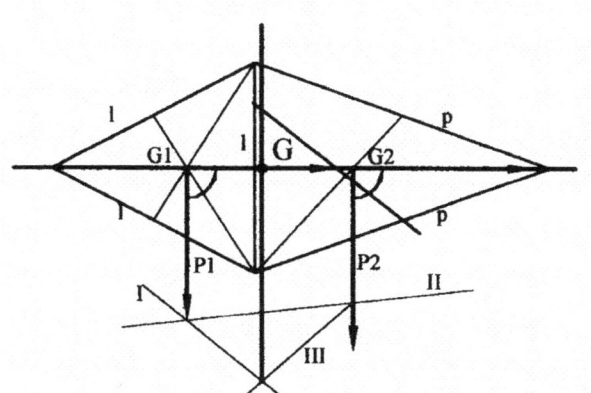

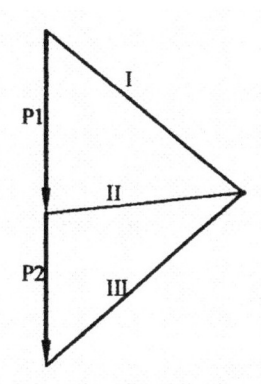

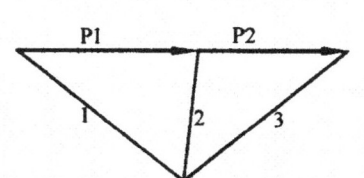

## MOMENTI D'INERZIA POLARI

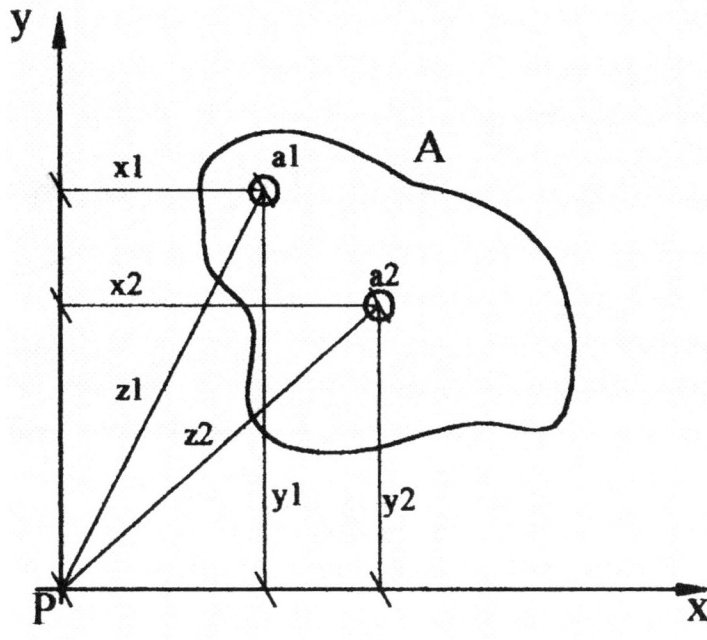

P = POLO

**Il MOMENTO D'INERZIA POLARE È:**

$$\underline{J_P = \sum a_i \, z_i^2} \quad [m^4]$$

SCOMPONIAMO $z_i$:

$$z_i^2 = (x_i^2 + y_i^2) \qquad \text{(TEOREMA DI PITAGORA)}$$

**sostituiamo** nella formula:

$$J_P = \sum a_i (x_i^2 + y_i^2)$$
$$= \sum a_i x_i^2 + \sum a_i y_i^2$$
$$= \underline{J_x + J_y}$$

Il MOMENTO POLARE è la SOMMA dei momenti rispetto ai due assi x,y.

ESEMPIO:

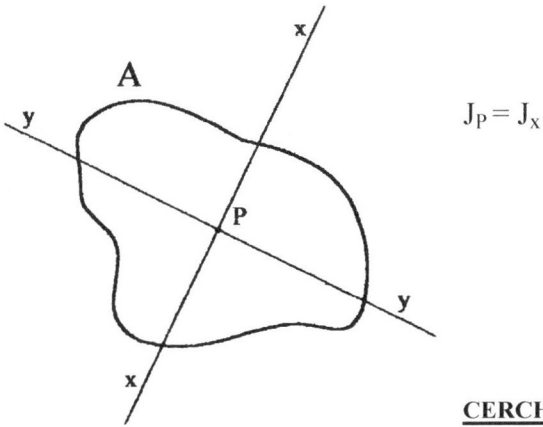

$$J_P = J_x + J_y$$

**CERCHIO:**    $$J_P = 2J_y = 2J_x$$

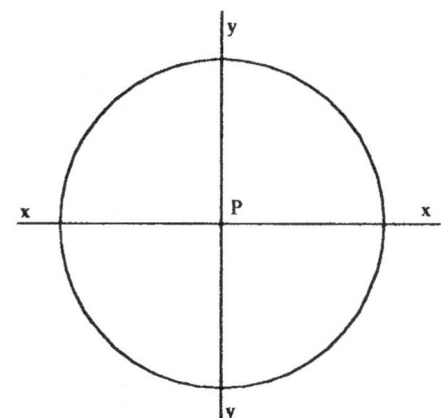

## DETERMINAZIONE DELLA FORMULA DEL MOMENTO D'INERZIA DI UN RETTANGOLO

**Momento statico dei momenti statici** di un rettangolo
Dato un rettangolo di base b e di altezza h

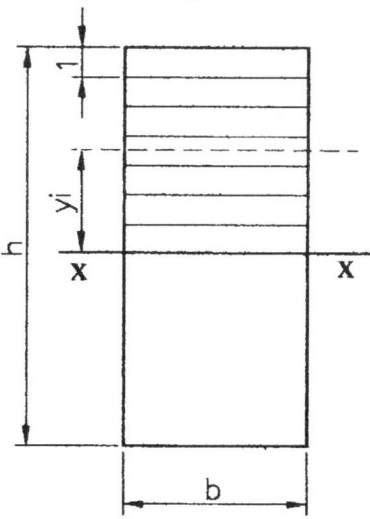

Supponiamo di dividere il rettangolo in tanti piccoli rettangoli di altezza unitaria
**Il nostro problema è** calcolare il momento d'inerzia del rettangolo rispetto all'asse X-X baricentrico.

Il momento statico di ogni rettangolino è:
$$S_i = b \times 1 \times y_i$$

Per la striscia più distante $y_1 \cong h/2$ ;

quindi il suo momento statico sarà:

$$S_1 = b \times 1 \times h/2$$

Tracciamo il diagramma delle **variazioni del momento statico** dal suo valore massimo $S_1$ fino a quando si è in corrispondenza dell'asse.

**A questo punto devo trovare il momento statico del triangolo superiore.**
Bisognerebbe determinare un area elementare infinitesima; considerando la distanza nulla dall'asse si dovrà applicare il teorema del trasporto.

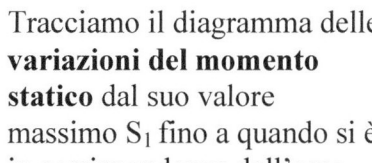

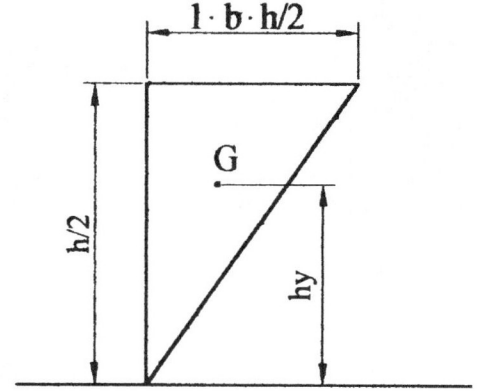

AREA TRIANGOLO

$$A = \frac{1}{2}b\frac{h}{2}\cdot\frac{h}{2} = b\frac{h^2}{8}$$

DISTANZA DEL BARICENTRO DALL'ASSE

$$y_0 = \frac{2}{3}\cdot\frac{h}{2} = \frac{h}{3}$$

**IL MOMENTO D'INERZIA DI MEZZO RETTANGOLO È:**

$$Jx_0 = A_S y_G = b\frac{h^2}{8}\cdot\frac{h}{3} = b\frac{h^3}{24}$$

**Da cui ricaviamo il MOMENTO DI INERZIA DEL RETTANGOLO**

$$Jx_0 = 2b\frac{h^3}{24} = \frac{bh^3}{12}$$

PROBLEMA

**Determinare il momento quadratico.**
Esso è dato falla differenza del momento del rettangolo esterno rispetto al rettangolo interno.

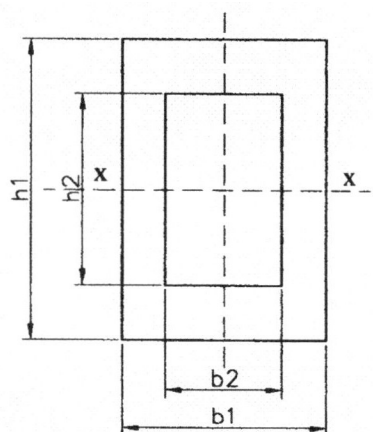

$$Jx = Jx_1 - Jx_2 = \frac{b_1 h_1^3}{12} - \frac{b_2 h_2^3}{12} = \frac{b_1 h_1^3 - b_2 h_2^3}{12}$$

TRAVE SNELLA

**È l'ELEMENTO tipico strutturale della MECCANICA APPLICATA**

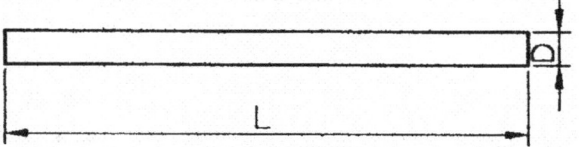

**Si dice che una trave è snella se il diametro segue la seguente relazione:**
$$L \geq 5 \div 10D$$
Questa è una **definizione PRATICA**

**Questa trave snella nel piano ha 3 GRADI DI LIBERTÀ:**
- X di un punto
- Y di un punto
- INCLINAZIONE ($tg\alpha$)

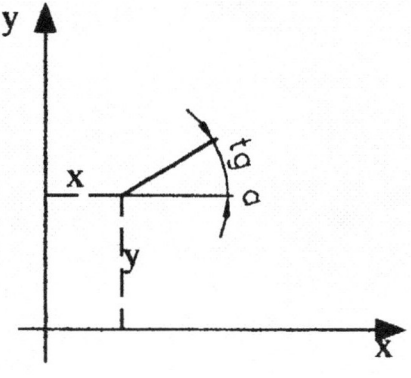

**Nello spazio ha 6 GRADI DI LIBERTÀ:**
- X di un punto
- Y di un punto
- 3 INCLINAZIONI $tg\alpha, tg\beta, tg\gamma$

**Una TRAVE SNELLA VINCOLATA e CARICATA**

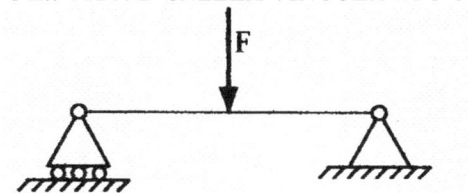

**I VINCOLI PRINCIPALI SONO:**

-APPOGGIO 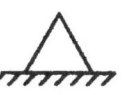 GDV = 1 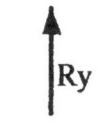Ry

-CARRELLO 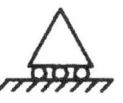 GDV = 1 Ry

-CERNIERA 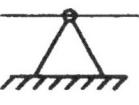 GDV = 2 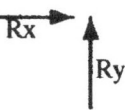 Rx Ry

-INCASTRO 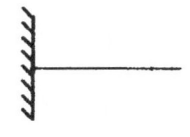 GDV = 3 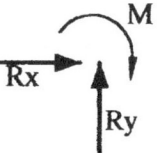 M Rx Ry

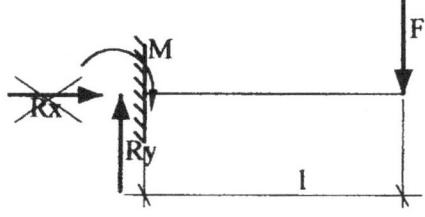

$R_X = 0$ Non c'è nessuna reazione orizzontale perché non ci sono carichi orizzontali.

$R_y = -F$

$M = F \times l$

CONVENZIONI SUI SEGNI:

3GDV
3GDL

GDV = GDL = 3 = 3 => <u>TRAVE ISOSTATICA</u>

Una TRAVE ISOSTATICA è vincolata con un vincolo che ha tanti gradi di vincolo tanti quanti sono i gradi di libertà.

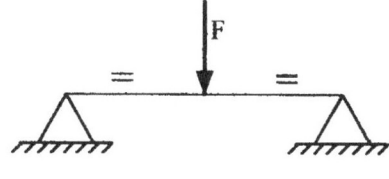

$Ry_1 = Ry_2 = F/2$

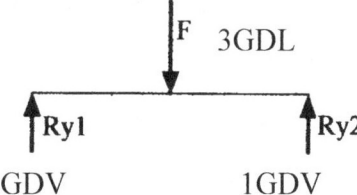
F 3GDL
Ry1 Ry2
1GDV 1GDV

$3\ GDL \neq 2\ GDV$

**Questa trave si dice LABILE (poiché è presente un grado di libertà) Questa si dice LABILE con LABILITÀ NON SFRUTTATA in quanto potrebbe scorrere orizzontalmente, ma senza forze di carico orizzontali si può risolvere.**

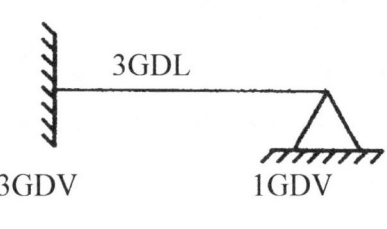
3GDL
3GDV 1GDV

GDL = 3
GDV = 4

**Una trave si dice IPERSTATICA quando i gradi di vincolo sono maggiori dei gradi di libertà.**

ESERCIZIO:

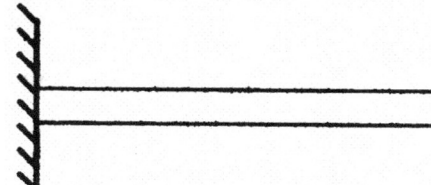

- **GDL > GDV = LABILE**
- **GDL = GDV = ISOSTATICA**

**I gradi di vincolo devono essere ben distribuiti**

- **GDL < GDV = IPERSTATICA**

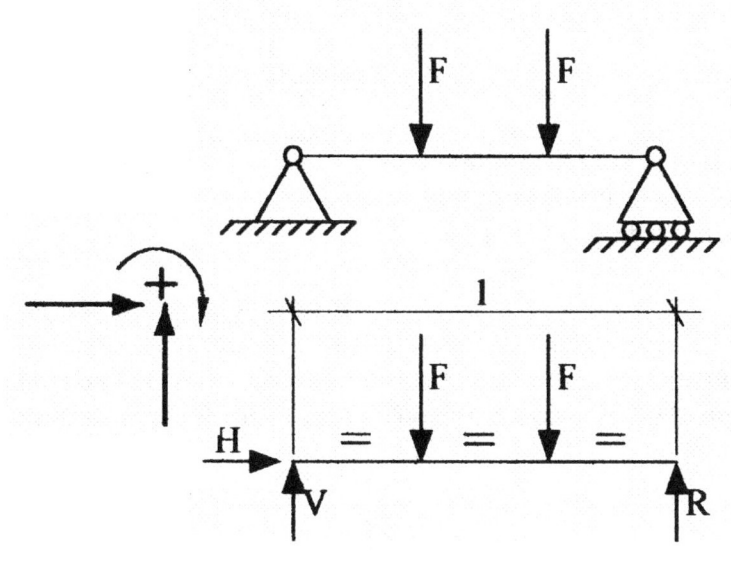

ESERCIZIO SIMMETRICO, RISOLVERE

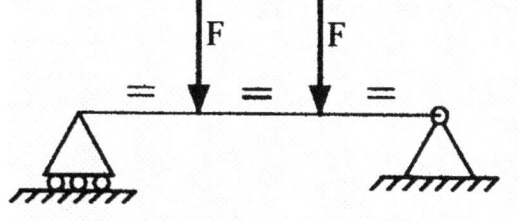

FORZE ATTIVE (F e F)

FORZE REATTIVE (R, V, H)

**È un** SISTEMA DI FORZE ESTERNE ATTIVE

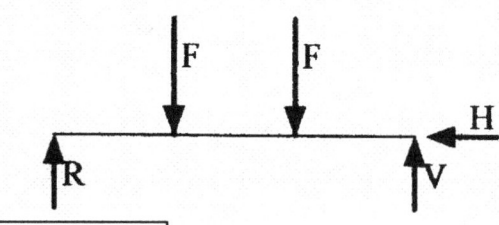

( V. P23)

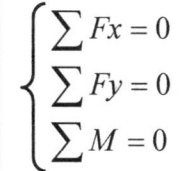

$$\begin{cases} \sum Fx = 0 \\ \sum Fy = 0 \\ \sum M = 0 \end{cases}$$

EQUAZIONI **FONDAMENTALI** DELLA STATICA

CONVENZIONI       **SEGUE ...**

$$\begin{cases} H = 0 \\ R + V - F - F = 0 \end{cases}$$ VL- FL\3-

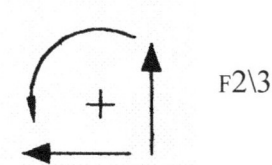

F2\3L=0

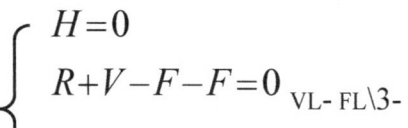

**(V.PAG.22) LE EQUAZIONI FONDAMENTALI DELLA STATICA DICONO CHE :**

**1) La sommatoria delle forze attive e reattive rispetto all'asse x è zero** ➔ La struttura non trasla secondo l'asse x

**2) La sommatoria delle forze attive e reattive rispetto all'asse y è zero** ➔ La struttura non trasla secondo l'asse y

**3) La sommatoria dei momenti generati da tutte le forze (attive e reattive) è zero** ➔ La struttura non ruota

**La struttura è in EQUILIBRIO STATICO (FISSA)**

TRAVE ISOSTATICA

GDL=3
GDV=2+1

**Sostituiamo i vincoli con le rispettive REAZIONI VINCOLARI**

F = 10 [N]
L = 1 [m]

CONVENZIONI DI SEGNO:

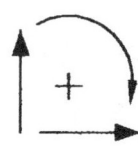

EQUAZIONI:

$$\begin{cases} 0 + H = 0 \\ V + R - F - F = 0 \\ 1/3F + 2/3F - R = 0 \end{cases} \qquad \begin{matrix} H = 0 \\ V + R = 2F \\ R = F \end{matrix}$$

$$\begin{cases} H = 0 \\ V = 2F - R \\ R = 10\ [N] \end{cases} \qquad \begin{cases} \mathbf{H = 0} \\ \mathbf{V = 10\ [N]} \\ \mathbf{R = 10\ [N]} \end{cases}$$

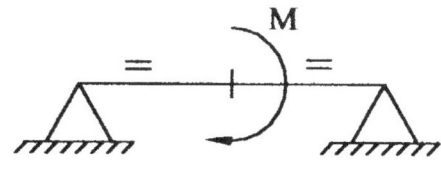

ESERCIZIO

L = 1 [m]
M = 10 [Nm]

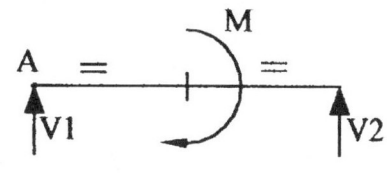

$$\begin{cases} V_1 + V_2 = 0 \\ M - V_2 L = 0 \end{cases}$$

$$\begin{cases} V_2 = M/L = 10/1 = 10\ N \\ V_1 = -V_2 = -10\ N \end{cases} \qquad \begin{cases} V_1 = -10\ [N] \\ V_2 = 10\ [N] \end{cases}$$

**COSA SIGNIFICA -10N ?**

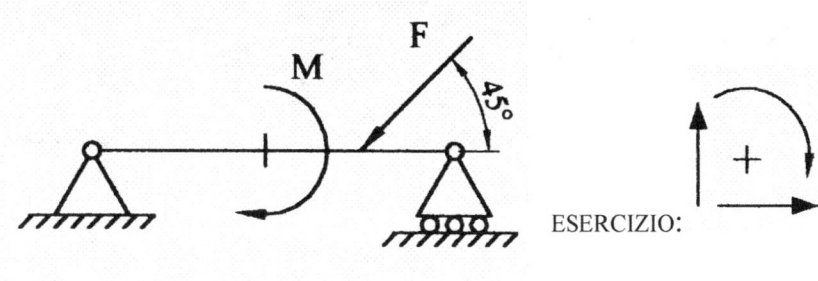

ESERCIZIO:

M = 100 [Nm]
F = 141 [N]
L = 0,4 [m]

SOLUZIONE

$$\begin{cases} H = 100\ [N] \\ R_1 = -225\ [N] \\ R_2 = 325\ [N] \end{cases}$$

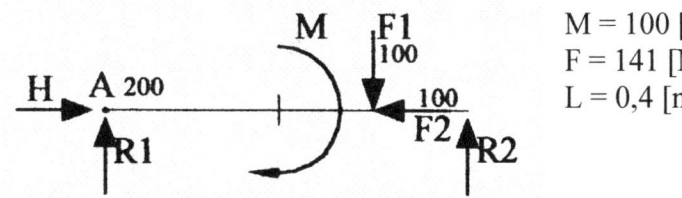

**TRAVE ISOSTATICA:**
**3GDV = 3GDL**

**INVENTA E DISEGNA PIU'**
**TIPOLOGIE DI TRAVI VARIAMENTE VINCOLATE,**
**ISOSTATICHE , IPERSTATICHE E LABILI, RISOLVENDO**
**QUELLE ISOSTATICHE O QUELLE A LABILITA' NON**
**SFRUTTATA . ……………...**

$$F_1 = F\cos\alpha = 141 \cdot \cos 45 = 100[N]$$
$$F_2 = F\cos\alpha = 141 \cdot \cos 45 = 100[N]$$

$$\begin{cases} -F_2 + H = 0 \\ -F_1 + R_1 + R_2 = 0 \\ M + F \cdot 0.3 - R_2 \cdot 0.4 = 0 \end{cases}$$

$$\begin{cases} -100 + H = 0 \\ -100 + R_1 + R_2 = 0 \\ 100 + 30 - R_2 \cdot 0,4 = 0 \end{cases}$$

H=1000[N]

R1=225[N]

R2=325[N]

$$\begin{cases} H = 100[N] \\ R_1 + R_2 = 100[N] \\ R_2 = \dfrac{130}{0,4} = 325[N] \end{cases}$$

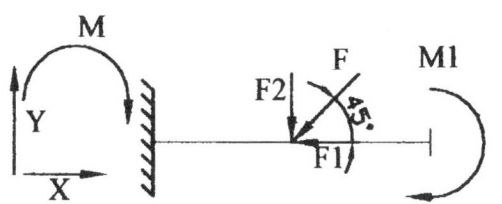

ES.: **ISOSTATICA**

**ESERCIZIO SUL BARICENTRO DI FIGURA COMPOSTA IN ADDIZIONE O SOTTRAZIONE DI AREE SEMPLICI NOTE::**

$F = 14,1 [N]$

$M_1 = 10 [Nm]$

$$F_1 = \frac{14,1}{\sqrt{2}} = 10 [N]$$

$$F_2 = \frac{14,1}{\sqrt{2}} = 10 [N]$$

$$\begin{cases} Y - F_2 = 0 \\ X - F_1 = 0 \\ M_1 + M + \frac{1}{2} F_2 = 0 \end{cases} \qquad \begin{cases} y = 10 [N] \\ x = 10 [N] \\ M = -15 [Nm] \end{cases}$$

**TRAVE LABILE (labilità non sfruttata)**

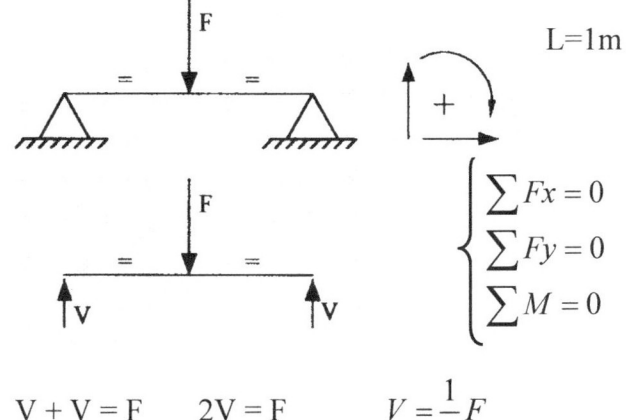

L=1m

$$\begin{cases} \sum Fx = 0 \\ \sum Fy = 0 \\ \sum M = 0 \end{cases}$$

$V + V = F \qquad 2V = F \qquad V = \frac{1}{2} F$

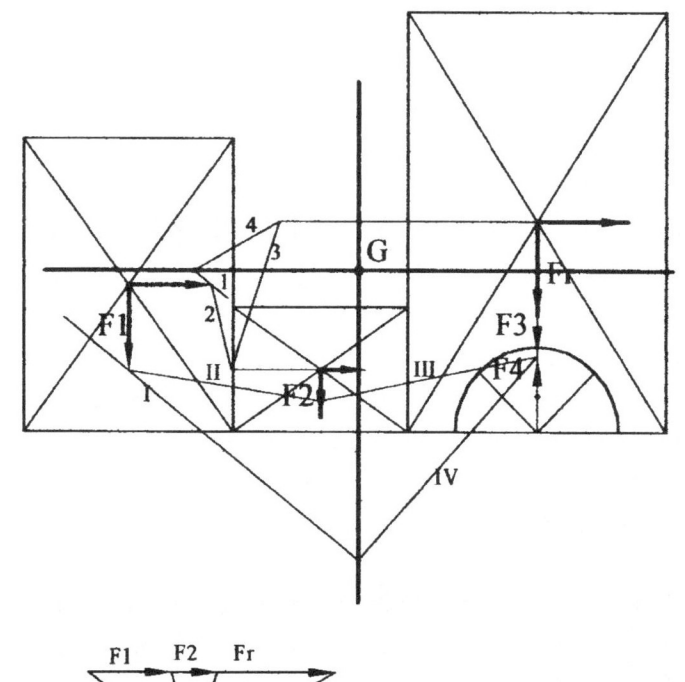

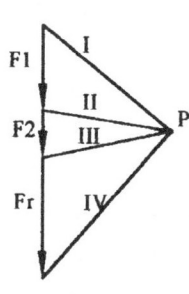

## SOLLECITAZIONI:

Le sollecitazioni sono quattro:
1) **TRAZIONE** o **COMPRESSIONE**
2) **TAGLIO**
3) **FLESSIONE**
4) **TORSIONE**

TRAZIONE:

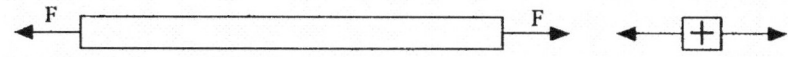

La coppia di forze che mantengono in equilibrio l'asta

COMPRESSIONE:

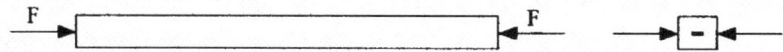

**Il RAPPORTO fra DIAMETRO e LUNGHEZZA deve essere basso**

Dato A (sezione della provetta) si creano degli sforzi $\sigma$ che sono costanti all'interno della trave in qualunque punto

$$\sigma = \frac{F}{S} \left[ \frac{N}{mm^2} \right]$$

Fe520 → $\sigma_r = 520 \; \frac{N}{mm^2}$

Problemi:
1) **Note le forze calcolare $\sigma$ e $\tau$ (SFORZI) ($\Sigma F \rightarrow \sigma$ e $\tau$)**
2) **Note $\sigma$ e $\tau$ calcolare le deformazioni**

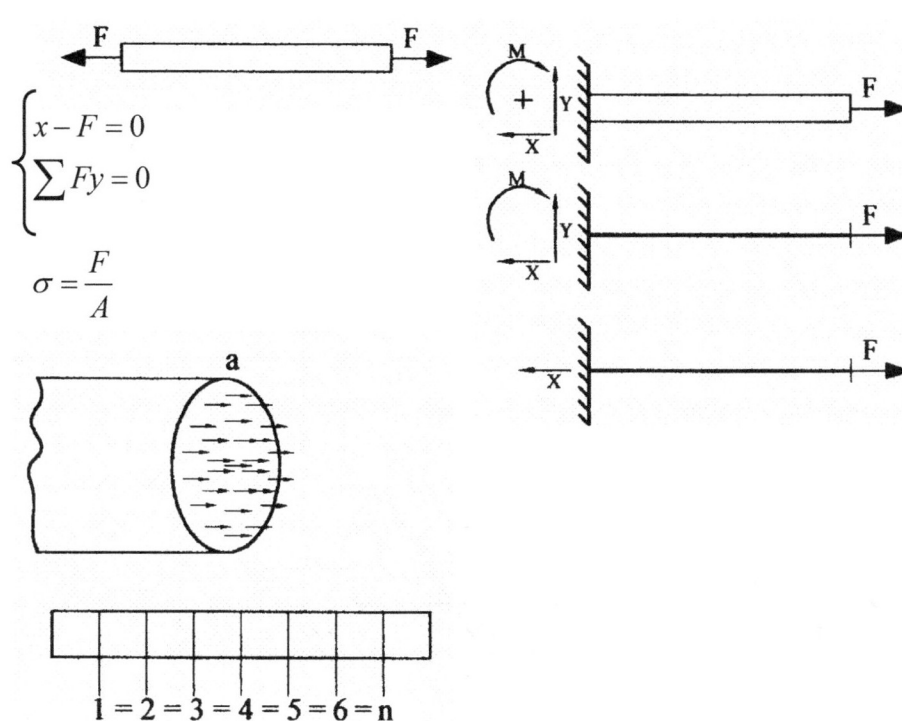

$$\begin{cases} x - F = 0 \\ \sum Fy = 0 \end{cases}$$

$$\sigma = \frac{F}{A}$$

1 = 2 = 3 = 4 = 5 = 6 = n

**Gli sforzi di trazione si distribuiscono in modo uniforme nella sezione. In tutti i punti della sezione si ha $\sigma$ costante ed ogni sezione ha lo stesso valore di $\sigma$.**

# TAGLIO

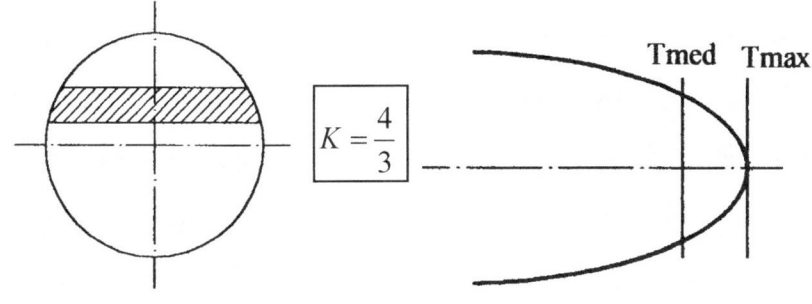

La risultante y allo spostamento verticale

$X = 0$
$Y = F$
$M = - LF$

Gli sforzi di $\tau$ agiscono sulla SEZIONE e sono più complessi da calcolare. Se si fa il rapporto fra T e A si fa il $\tau_m$ (TAU medio) mentre $\tau$ varia fra un valore massimo e uno nullo e varia in modo PARABOLICO.

$$\tau_{MAX} = \tau_{MED} \cdot K \left[ \frac{N}{mm^2} \right] \qquad \tau_{MED} = \frac{T}{A}$$

**$\tau_{MAX}$ è la sollecitazione nel punto più sollecitato della sezione più sollecitata.**

### SEZIONE CIRCOLARE

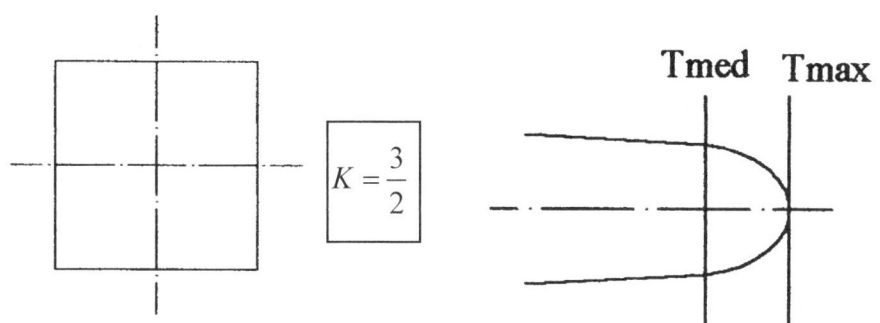

$$K = \frac{4}{3}$$

## SEZIONE QUADRATA

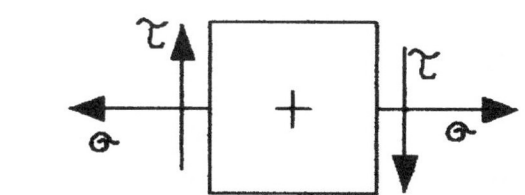

$$K = \frac{3}{2}$$

Se si ha sia trazione che taglio, il cubetto, relativo alle convenzioni di segno è:

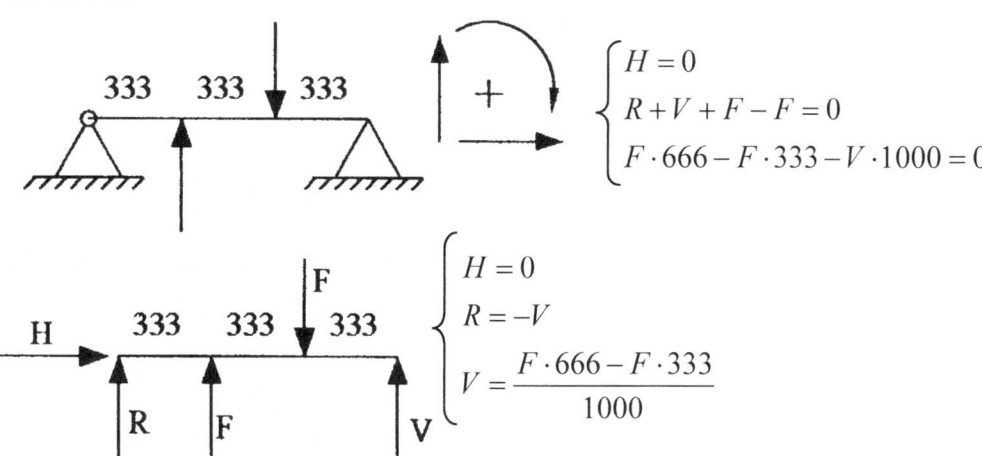

ESERCIZIO

$$\begin{cases} H = 0 \\ R + V + F - F = 0 \\ F \cdot 666 - F \cdot 333 - V \cdot 1000 = 0 \end{cases}$$

$$\begin{cases} H = 0 \\ R = -V \\ V = \dfrac{F \cdot 666 - F \cdot 333}{1000} \end{cases}$$

# FLESSIONE

## 1)

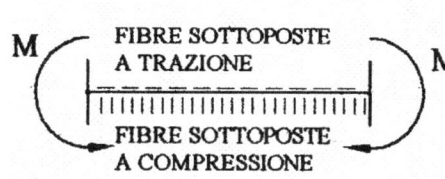

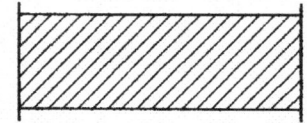

**La risultante dell'incastro è un MOMENTO uguale, ma di verso contrario a quello applicato.**

DIAGRAMMA MOMENTI

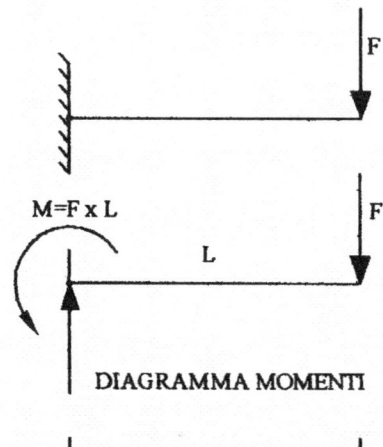

## 2)

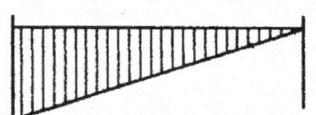

DIAGRAMMA MOMENTI

È' una FLESSIONE SEMPLICE. **Analizziamo come gli sforzi σ si distribuiscono,** PRECISAMENTE, nel seguente modo:

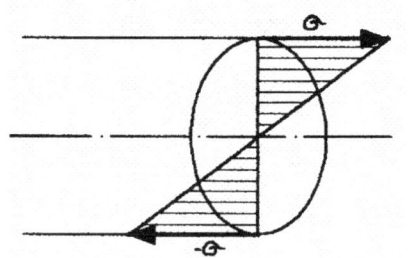

Le fibre superiori sono sottoposte ad una **TRAZIONE** (lo sforzo σ è positivo) e quelle inferiori ad una **COMPRESSIONE** (sforzo σ negativo)

Sull'asse neutro σ = 0.

$$\sigma = \frac{M}{W_F}$$ ➡ $\boxed{\dfrac{\text{MOMENTO}}{\begin{array}{c}\text{MODULO DI}\\ \text{RESISTENZA A}\\ \text{FLESSIONE}\end{array}}}$ ➡ EQUAZIONE DELLA STABILITÀ

$$W_F = \frac{Jx}{y}$$ ➡ $\begin{array}{c}\text{MOMENTO POLARE}\\ \text{DISTANZA DEL PUNTO}\\ \text{PIÙ ESTERNO}\\ \text{DALL'ASSE NEUTRO}\end{array}$

**M è il MOMENTO MASSIMO**

CONVENZIONE DI SEGNO DI TUTTI GLI SFORZI SIGMA E TAU

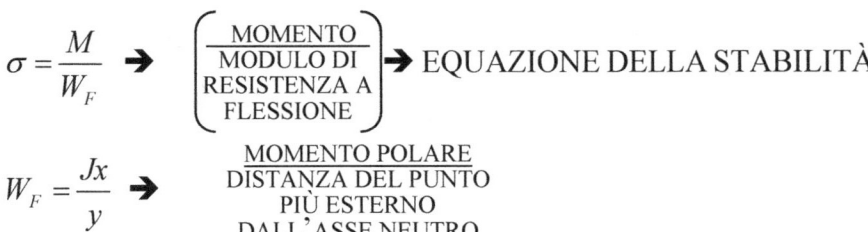

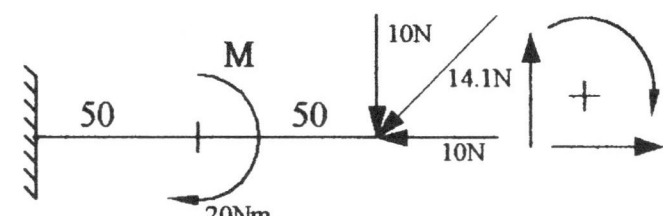

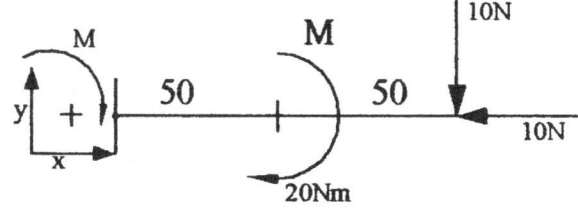

$$\begin{cases} x - 10 = 0 \\ y - 10 = 0 \\ M + 20 + 10 \cdot 0,1 = 0 \end{cases} \qquad \begin{cases} x = 10[N] \\ y = 10[N] \\ M = -21[Nm] \end{cases}$$

ESERCIZIO

**VERIFICARE LA SOLUZIONE A MENTE, CONSTATANDO L'EQUILIBRIO ALLA TRASLAZIONE ORIZZONTALE, VERTICALE E ALLE ROTAZIONI DOVUTE AI MOMENTI ATTIVI, REATTIVI E DI TUTTE FORZE, RISPETTO AD UN PUNTO QUALSIASI (MA OPPORTUNO).**

## TORSIONE

Essa avviene in un piano perpendicolare all'asta

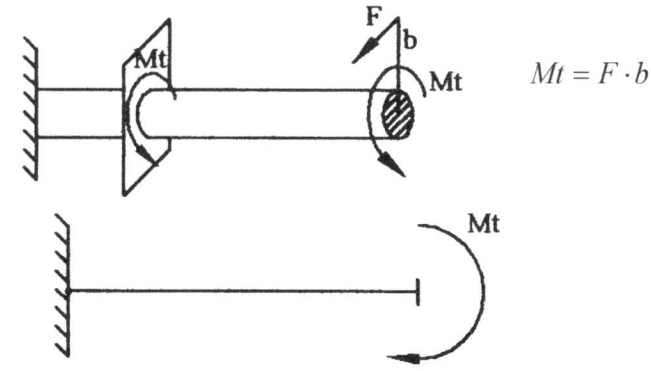

$$Mt = F \cdot b$$

**Mr ha stessa intensità e verso opposto di Mt**

**Si distribuisce seguendo un** DIAGRAMMA **a** FARFALLA **con** VALORE NULLO **sull'**ASSE DI TORSIONE.

$$\tau_{MAX} = \frac{Mt}{W} \rightarrow \left( \begin{array}{c} \underline{\text{MOMENTO TORCENTE}} \\ \text{MODULO DI} \\ \text{RESISTENZA POLARE} \end{array} \right)$$

**Nella torsione le sezioni sono sollecitate tutte allo stesso modo.**
**In ciascuna sezione il punto meno sollecitato è quello più interno**

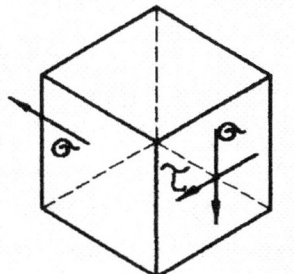

$$\tau = \frac{Mt}{\dfrac{Jx + Jy}{y}}$$

ATTENZIONE, LA FIGURA
E' ERRATA, **CORREGGERE!**
**(SUGG. GLI SFORZI DI**
**TRAZIONE SONO SEMPRE ORTOGONALI ALLE SEZIONI**
**O FACCE DEL CUBETTO INFINITESIMALE, MENTRE**
**QUELLI DI TAGLIO VI GIACCIONO. Il cubetto deve sempre**
**essere equilibrato, ossia statico).**

ESERCIZIO

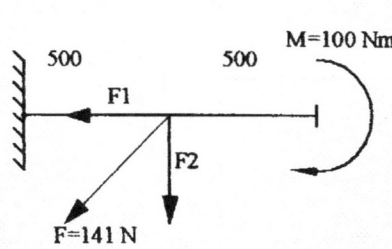

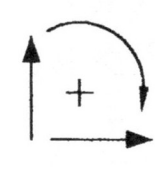

$$\begin{cases} R - F_1 = 0 \\ H - F_2 = 0 \\ F_2 \cdot 0,5 + M \cdot 1 - M_R = 0 \end{cases}$$

$$F_1 = F_2 = \frac{F}{\sqrt{2}} = \frac{141}{\sqrt{2}} = 100 [N]$$

$$R = F_1 = 100 \ [N]$$
$$H = F_2 = 100 \ [N]$$
$$M_R = 150 \ [Nm]$$

**TRAZIONE**

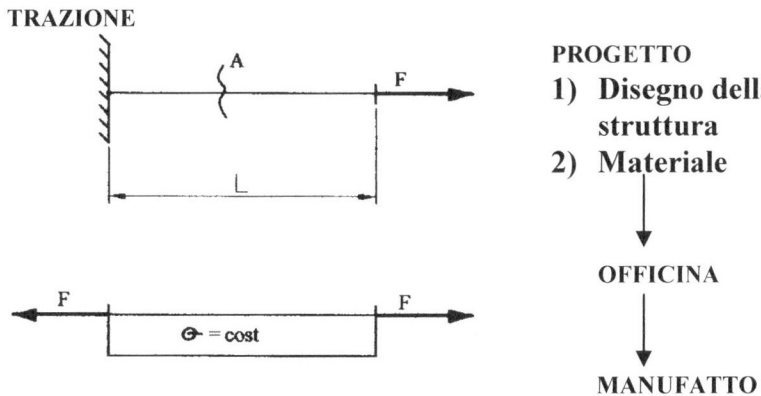

**PROGETTO**

1) **Disegno della struttura**
2) **Materiale**

↓

**OFFICINA**

↓

**MANUFATTO**

**Sono note F (forze massime) ed L (lunghezza)** e bisogna determinare l'area della sezione in funzione del materiale che si intende utilizzare.

La sezione di progetto da prendere in considerazione deve essere quella più sollecitata. Lo sforzo max si determina sul punto più sollecitato della sezione più sollecitata.

$$\sigma = \frac{F}{A}$$

**In questo caso, tutte le sezioni sono sollecitate allo stesso modo.**

La $\sigma_{ammissibile}$ è data da:

$$\sigma_{amm} \frac{\sigma_R}{\eta}$$

**η è un COEFICIENTE di SICUREZZA**

$$\sigma_{amm} \geq \sigma = \frac{F}{A}$$

Se stabiliamo

$$\sigma_{amm} = \frac{F}{A} \rightarrow A = \frac{F}{\sigma_{amm}}$$

ESERCIZIO:

Fe 360
F = 100000[N]

$$A = \frac{F}{\sigma_{amm}} = \frac{100000}{180} = 556\left[mm^2\right]$$

Fissiamo un materiale (ad esempio Fe 360 in cui il $\sigma_{rottuta}$ è 360 [N/mm²])

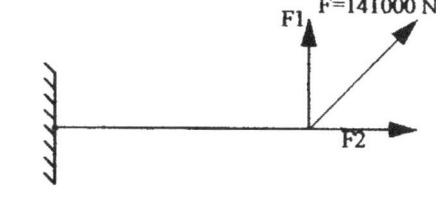

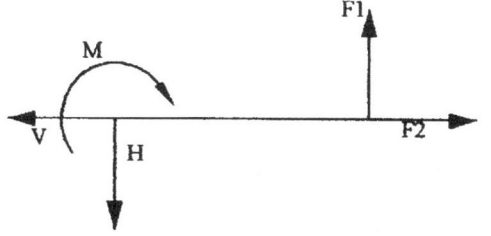

H=F1
V=F2
M=? dillo a mente

ESERCIZIO:

Data la forza e l'area, verificare se un materiale può essere utilizzato

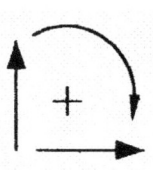

$$\sigma_{amm} = \frac{\sigma_R}{\eta}$$

$$\sigma_{amm} \geq \frac{F}{A}$$

$$F_1 = F_2 = \frac{F}{\sqrt{2}} = \frac{141000}{\sqrt{2}} = 100000 [N]$$

$$\begin{cases} F_1 - H = 0 \\ F_2 - V = 0 \\ -F_1 L + M = 0 \end{cases} \qquad \begin{cases} H = F_1 \\ V = F_2 \\ M = F_1 L \end{cases}$$

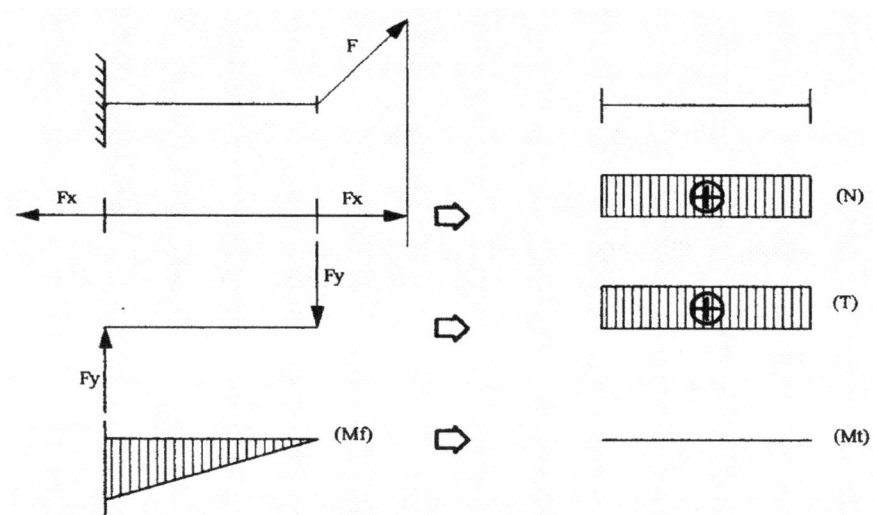

$$H = 100000 \ [N]$$

$$V = 100000 \ [N]$$

$$M = 100000 \ [Nm]$$

<<< A QUESTO PUNTO, **PER SEMPLIFICAZIONE**, NON SI CONSIDERA IL CONTRIBUTO DEL MOMENTO E TAGLIO.

$$\sigma = \frac{F}{A} = \frac{100000}{A}$$

$$A = \frac{F}{\sigma} = \frac{100000}{180} = 556 [mm^2]$$

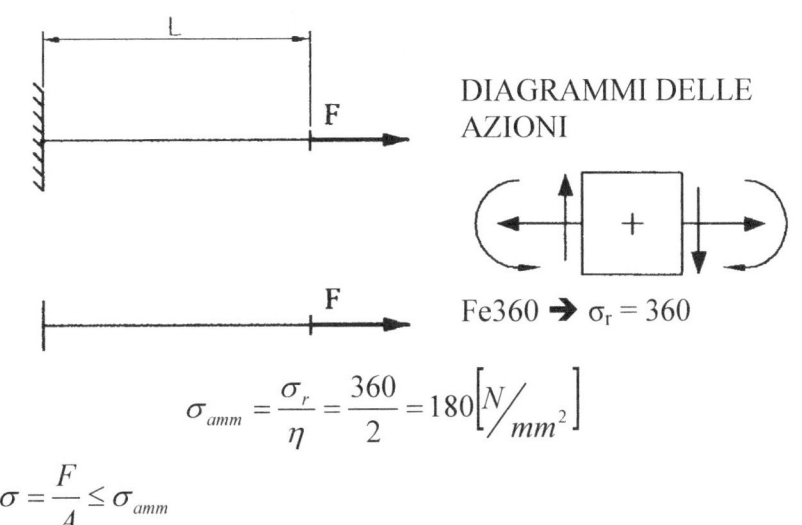

DIAGRAMMI DELLE
AZIONI

Fe360 ➜ σ$_r$ = 360

$$\sigma_{amm} = \frac{\sigma_r}{\eta} = \frac{360}{2} = 180 \left[ \frac{N}{mm^2} \right]$$

$$\sigma = \frac{F}{A} \leq \sigma_{amm}$$

ESERCIZIO CON DIAGRAMMI DELLE AZIONI DI **FLESSIONE.**

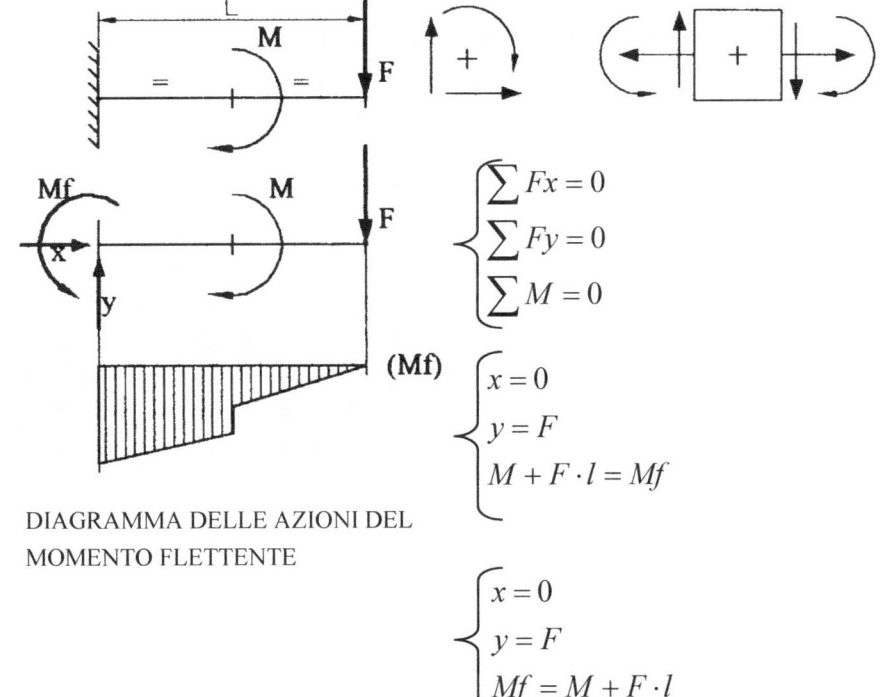

DIAGRAMMA DELLE AZIONI DEL
MOMENTO FLETTENTE

$$\begin{cases} \sum Fx = 0 \\ \sum Fy = 0 \\ \sum M = 0 \end{cases}$$

(Mf)
$$\begin{cases} x = 0 \\ y = F \\ M + F \cdot l = Mf \end{cases}$$

$$\begin{cases} x = 0 \\ y = F \\ Mf = M + F \cdot l \end{cases}$$

**DIAGRAMMI DELLE AZIONI DI FLESSIONE**

**verifica da DESTRA a SINISTRA e viceversa ,**

**costruendo due diagrammi ,**

**che devono risultare identici.**

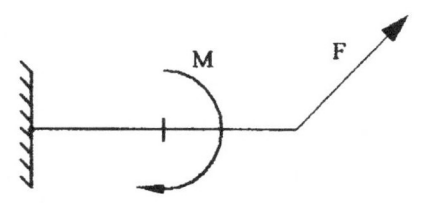

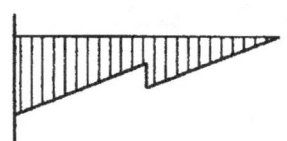

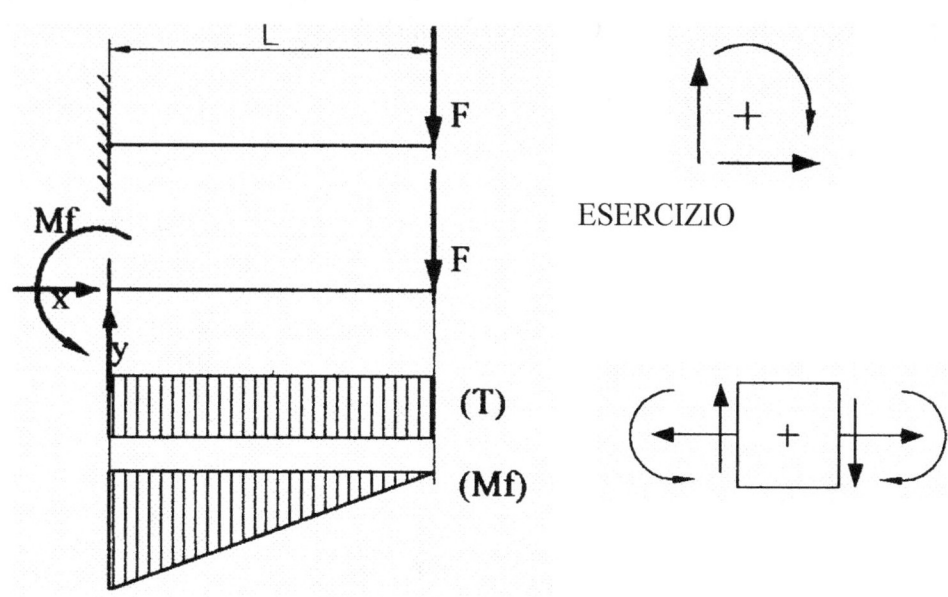

ESERCIZIO

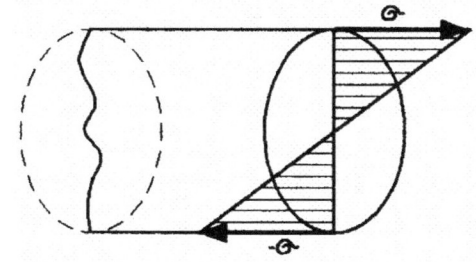

**Il diagramma segue quell'andamento perché partendo da destra l'unico momento esistente è quello generato da F ed aumenta all'aumentare del braccio fino a raggiungere il suo valore massimo ($F \cdot l$) in corrispondenza dell'incastro**

DISTRIBUZIONE DEGLI SFORZI

Gli sforzi $\sigma$ sono **PERPENDICOLARI alla SEZIONE.**

DIAGRAMMI AZIONI DI **TAGLIO E FLESSIONE**

$$\begin{cases} \sum Fx = 0 \\ \sum Fy = 0 \\ \sum M = 0 \end{cases}$$

$$\begin{cases} x = 0 \\ y = F \\ Mf = M + F \cdot l \end{cases}$$

FLESSIONE

$$\sigma = \frac{M}{W_F} \frac{[Nm]}{[m^3]} = \left[N/m^2\right] = 10^6 \left[N/mm^2\right]$$

**$W_F$ (sezione circolare):**

$$\frac{\pi}{32} \cdot d^3 \cong 0,1 \cdot d^3$$

$$\sigma = \frac{F \cdot l}{0,1 \cdot d^3}$$

ESERCIZIO

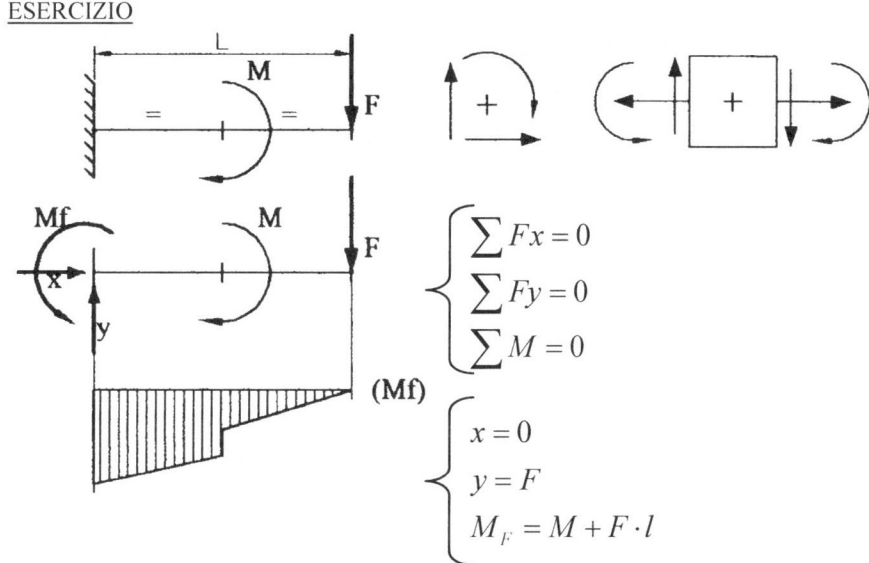

$$\begin{cases} \sum Fx = 0 \\ \sum Fy = 0 \\ \sum M = 0 \end{cases}$$

$$\begin{cases} x = 0 \\ y = F \\ M_F = M + F \cdot l \end{cases}$$

**Il diagramma segue quell'andamento in quanto partendo da destra, il momento che agisce nella prima parte (fino a metà) è generato dalla forza F ed aumenta all'aumentare della distanza (braccio).**

Giunti a metà c'è un incremento positivo dovuto a **M concentrato** (che è concorde con il momento generato da F) poi il diagramma aumenta costantemente, come nel primo tratto, sino **all'incastro dove raggiunge il suo valore massimo** ($M + F \cdot l$)

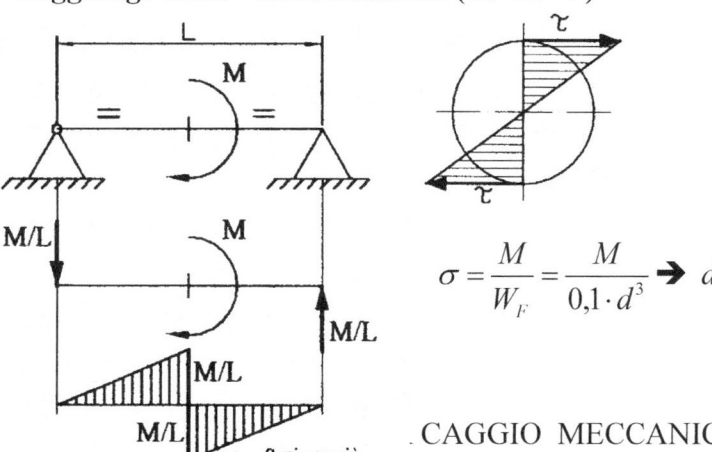

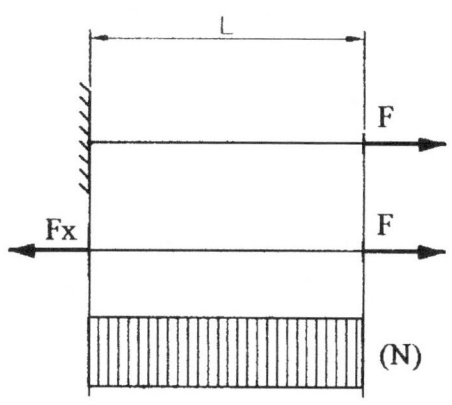

$$\sigma = \frac{M}{W_F} = \frac{M}{0,1 \cdot d^3} \quad \Rightarrow \quad d = \sqrt[3]{\frac{M}{0,1 \cdot \sigma}}$$

$$W_P = 2 W_F = 0,2 \cdot d^3$$

**continua alla pagina seguente…**

**Due esercizi** proposti per consolidamento.........

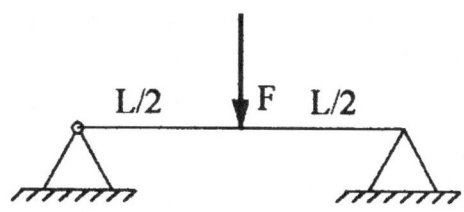

.....segue dalla pagina precedente, prima del consolidamento.........

L = 1 m

Ø = ?

Fe360

$$\sigma_R = 360 \frac{N}{mm^2}$$

$$\sigma_{amm} = \frac{\sigma_R}{\eta} = \frac{360}{2} = 180 \frac{N}{mm^2}$$

$$\sigma = \frac{F}{S} \leq \sigma_{amm}$$

$$\sigma = \frac{F}{S} \leq \sigma_{amm}$$

$$\sigma = \left(\frac{\phi^2}{4}\right)\pi \quad \rightarrow \quad \phi = \sqrt{\frac{4S}{\pi}} = \sqrt{\frac{4\frac{F}{G}}{\pi}}$$

ESERCIZIO: Fe360

$$\sigma_R = 360 \frac{N}{mm^2}$$

**CERCHIO DI MOHR**

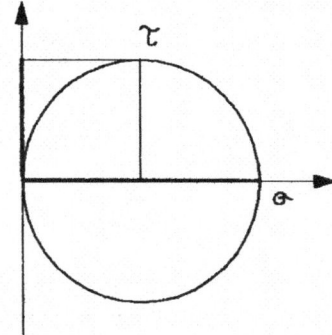

$$\tau_{amm} = \frac{1}{2}\sigma_{amm}$$

**IL TAGLIO MASSIMO SI TROVA SU UN PIANO A 45° RISPETTO ALLA TRAZIONE, DIAGRAMMA CON ANGOLI RADDOPPIATI SUL REALE.**

**LE MACCHINE SEMPLICI**

LEVE:

- **Leva di 1° genere**

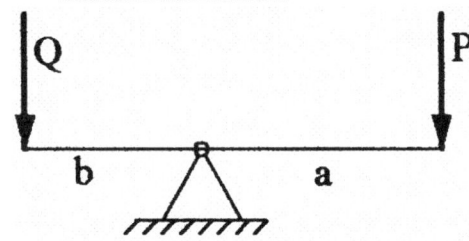

Il vantaggio è:

$$V = \frac{Q}{P}$$

- Se a>b → LEVA VANTAGGIOSA
  in quanto $P \cdot a = Q \cdot b$
- Se a=b → LEVA INDIFFERENTE
- Se a<b → LEVA SVANTAGGIOSA

- **Leva di 2° genere**

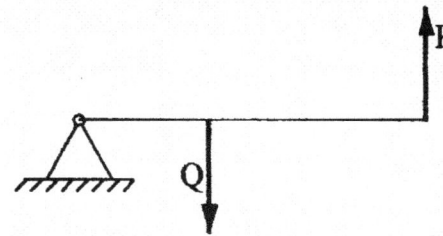

La leva di secondo genere è **SEMPRE VANTAGGIOSA**

**Leva di 3° genere**

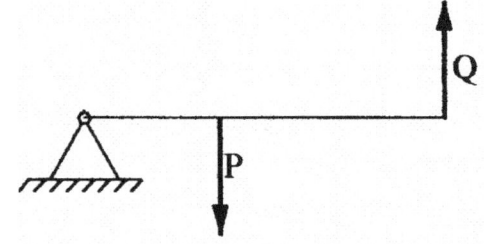

La leva di terzo genere è **SEMPRE SVANTAGGIOSA**

## PULEGGE:

**La fune deve avere due caratteristiche:**
- **FLESSIBILITÀ**
- **INESTENSIBILITÀ**

Puleggia semplice

Essa non è vantaggiosa, ma serve solo ad invertire
il senso del vettore P

**CARRUCOLA**

**FISSA**

Questa è vantaggiosa ed il vantaggio è 2.

$$F = \frac{Q}{2}$$

**CARRUCOLA**

**MOBILE**

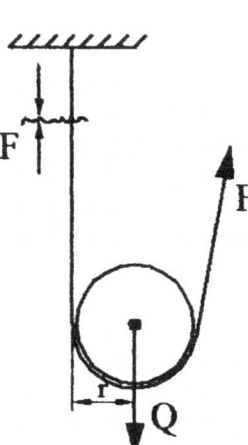

Se si vuole anche invertire la forza:

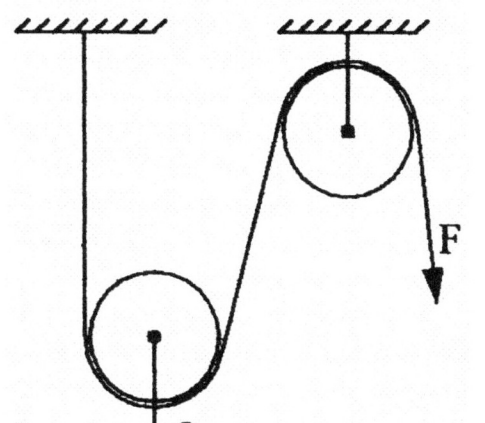

**PARANCO SEMPLICE**

PULEGGIA

$$p = \frac{Q}{2n}$$

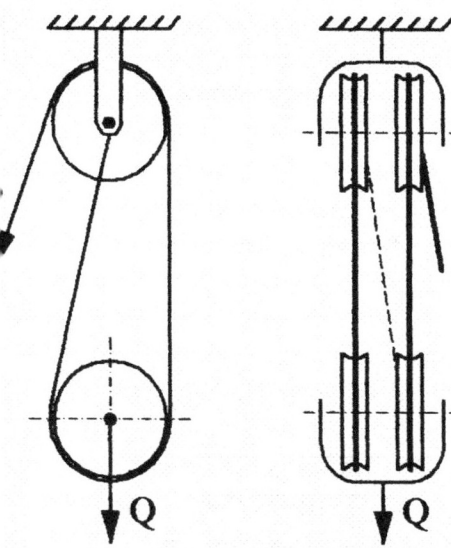

**PARANCO COMPLESSO**

(TAGLIA)

Essendo quattro funi (due pulegge)

$$p = \frac{Q}{4}$$

**Se si ha un paranco di n funi, p=Q/n**

**CUNEO:**

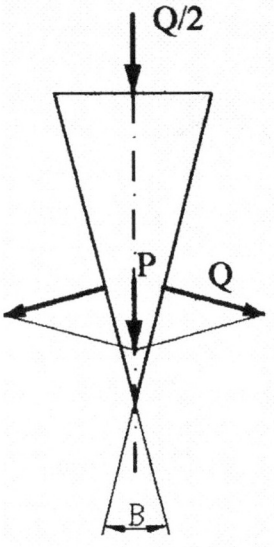

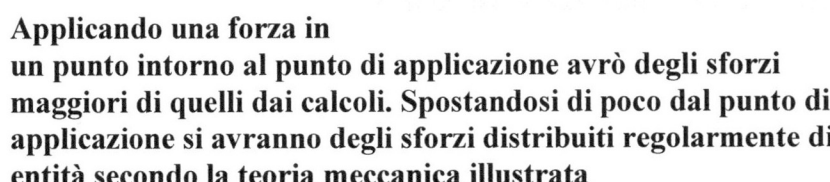

<u>**PRINCIPIO DI SANT VENANT**</u>

**Applicando una forza in un punto intorno al punto di applicazione avrò degli sforzi maggiori di quelli dai calcoli. Spostandosi di poco dal punto di applicazione si avranno degli sforzi distribuiti regolarmente di entità secondo la teoria meccanica illustrata**

# SOVRAPPOSIZIONE DEGLI EFFETTI

## DEFORMAZIONI    (Legami sforzi-deformazioni)

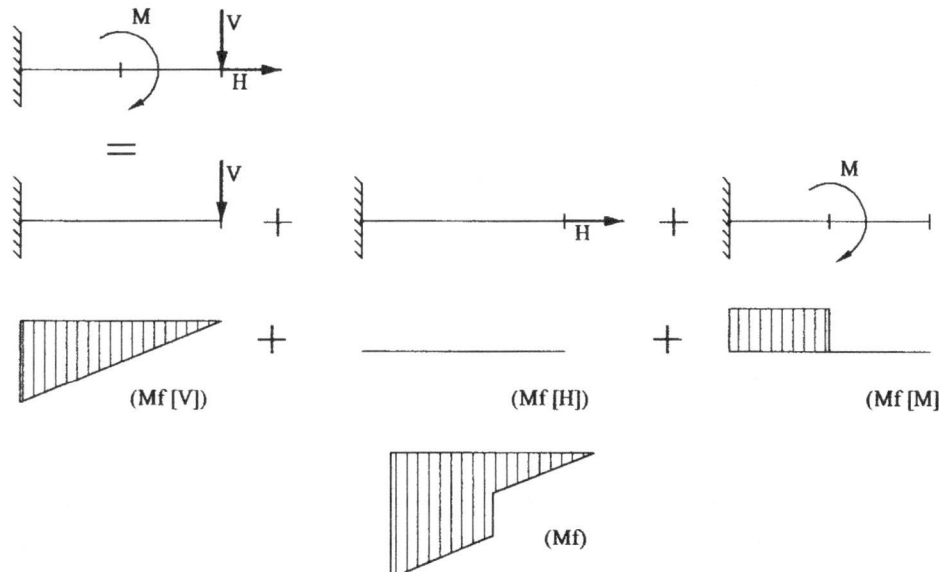

(Mf [V])    (Mf [H])    (Mf [M])

Diagramma totale risultante

**CARICHI DISTRIBUITI**

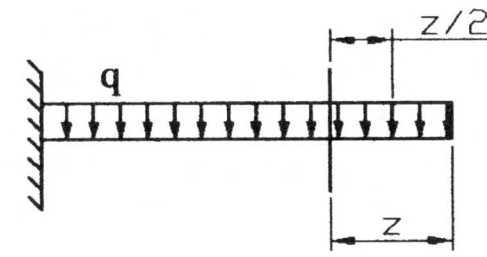

$$q = \left[\frac{N}{m}\right]$$

ESEMPIO:
**CARICO DI NEVE**

Il diagramma del momento è quadratico:

$$z \cdot \frac{z}{2} = \frac{z^2}{2}$$

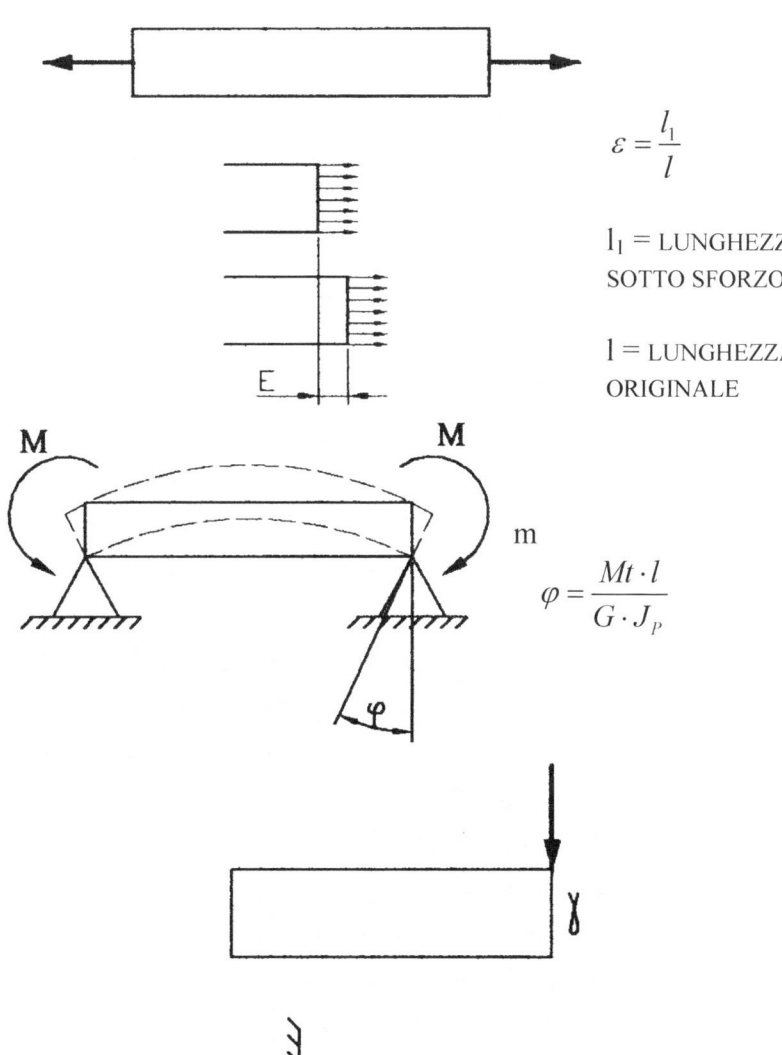

$$\varepsilon = \frac{l_1}{l}$$

$l_1$ = LUNGHEZZA
SOTTO SFORZO

$l$ = LUNGHEZZA
ORIGINALE

$$\varphi = \frac{Mt \cdot l}{G \cdot J_P}$$

## DEFORMAZIONI A TRAZIONE:

$\sigma = E \cdot \varepsilon$

E è una costante (MODULO DI YOUNG) che dipende dal tipo di materiale

$E = \dfrac{\sigma}{\varepsilon}$

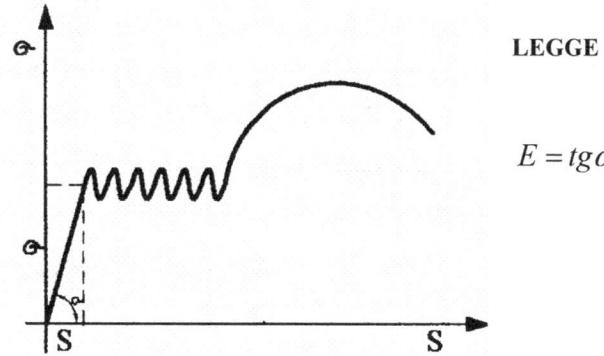

**LEGGE DI HOOKE**

$E = tg\,\alpha$

La legge vale solo nel tratto iniziale (DEFORMAZIONI ELASTICHE) in cui, se viene tolta la forza, la lunghezza ritorna al suo valore originario.

SE     E = 1 ➜ E = σ

**Per gli acciai** $E \cong 200'000 \left[ N/mm^2 \right]$ **ciò significa che un provino d'acciaio sottoposto a** $200'000 \; N/mm^2$ **la lunghezza raddoppia**

$\varepsilon = \dfrac{\Delta l}{l} = \dfrac{l_f - l_i}{l_i} = 1 \;➜\; l_f = 2l_i$

È impossibile, in pratica, raggiungere E = 1 in quanto il materiale si rompe prima

PROBLEMA

Fe 360             σ = ?

ε = 25%

E = 200'000 $N/mm^2$

$\sigma = E \cdot \varepsilon = 200'000 \cdot 0,25 = 50'000 \; N/mm^2$

## TEORIE di RESISTENZA

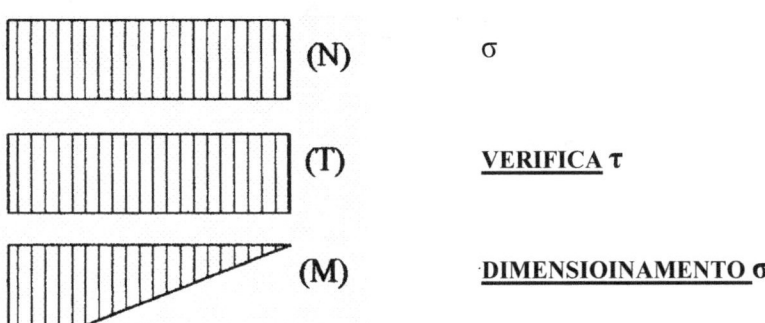

(N)         σ

(T)         **VERIFICA τ**

(M)         **DIMENSIOINAMENTO σ**

**Il dimensionamento viene fatto a FLESSIONE e poi si esegue la verifica al TAGLIO**

**A parità di area resiste meglio a flessione la sezione a corona circolare**

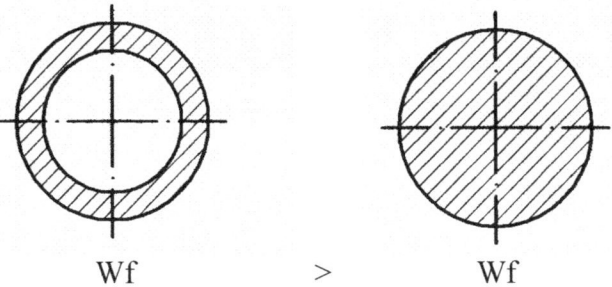

Wf      >      Wf

È possibile calcolare una σ ideale in base a tutti gli sforzi; per gli acciai:

$\sigma_{IDEALE} = \sqrt{\sigma^2 + 3\tau^2}$    **FORMULA DI HUBER**

Calcolato i σ_IDEALE con la TEORIA DI RESISTENZA eseguiamo il DIMENSIONAMENTO a FLESSIONE.

## ESERCIZIO DI RIEPILOGO

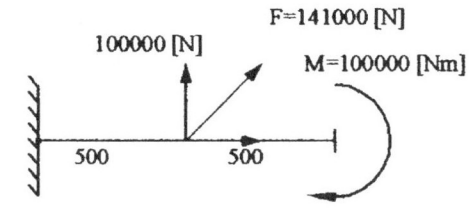

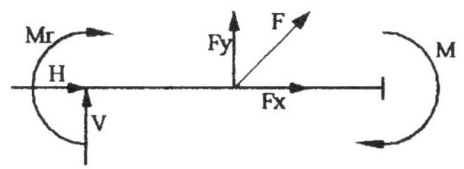

DIMENSIONARE
LA TRAVE:
A = ?
d = ?
L=NOTA
MATERIALE = ?
→ Fe 520

### Risoluzione

$$\begin{cases} \sum Fx = 0 \\ \sum Fy = 0 \\ \sum M = 0 \end{cases} \quad \begin{cases} H + Fx = 0 \\ V + Fy = 0 \\ M - Fy \cdot \dfrac{l}{2} - Mr = 0 \end{cases}$$

$$\begin{cases} H = -Fx = 100'000[N] \\ V = -Fy = -100'000[N] \\ Mr = -100'000 + (100'000 \cdot 0.5) \end{cases} \quad \begin{cases} H = -100'000[N] \\ V = -100'000[N] \\ Mr = -50'000[Nm] \end{cases}$$

### TRAVE RISOLTA

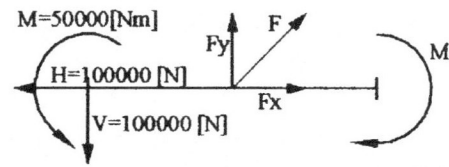

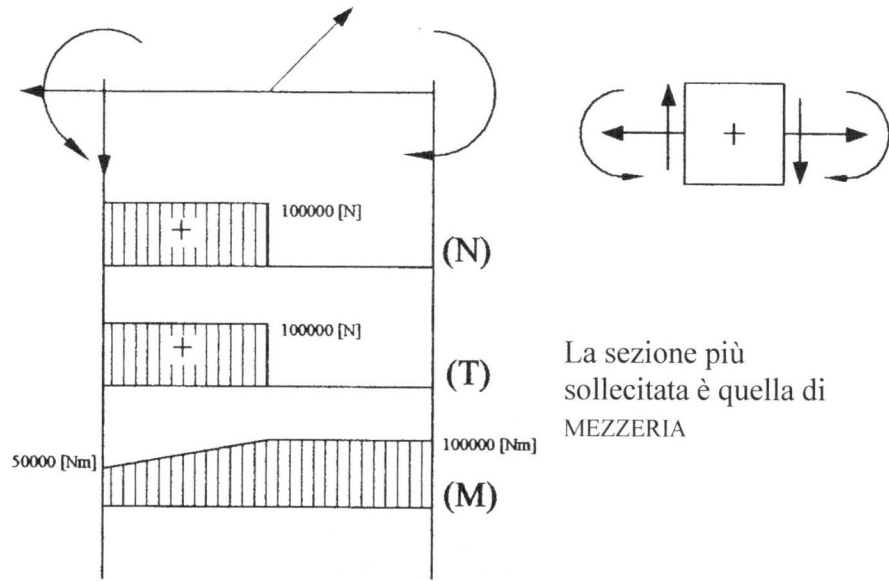

La sezione più sollecitata è quella di MEZZERIA

Eseguiamo un dimensionamento a flessione con verifica a taglio
**La SIGMA IDEALE ( EQUIVALENTE ) è:**

$$\sigma_{IDEALE} = \sqrt{\sigma^2 + 3\tau^2}$$

**Ricerchiamo il punto più sollecitato della sezione più sollecitata**

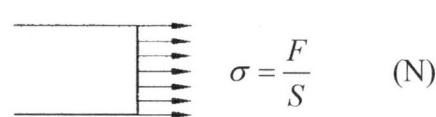

$$\sigma = \frac{F}{S} \qquad (N)$$

(T)

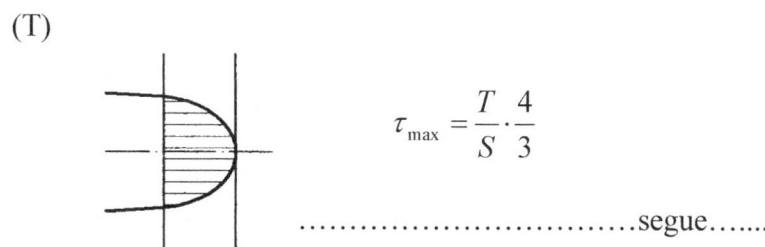

$$\tau_{max} = \frac{T}{S} \cdot \frac{4}{3}$$

...............................segue........

(Mf)

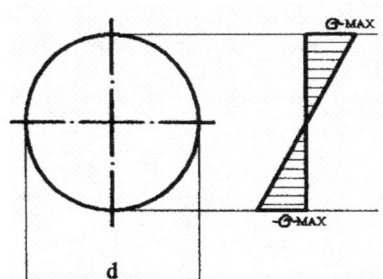

$$\sigma_{max} = \frac{Mf_{max}}{Wf} = \frac{Mf_{max}}{0,1d^3}$$

Fe 520 $\qquad \sigma_{rot} = 520 \, ^N/_{mm^2} \qquad \sigma_{amm} = \frac{\sigma_{rot}}{2,5} = 208\left[\frac{N}{mm^2}\right]$

$$\sigma_{max} = \frac{Mf_{max}}{0,1d^3} \le \sigma_{amm} \qquad 208 = \frac{50'000}{0,1d^3}$$

$$d = \sqrt[3]{\frac{50'000 \cdot 10^3}{0,1 \cdot 208}} = 134mm$$

**Effettuiamo la verifica al** TAGLIO

$T = 100'000 N$

$$S = \pi\left(\frac{6}{2}\right)^2 = 14035,8m^2$$

$$\tau_{max} = \frac{T}{S} \cdot \frac{4}{3} = 9,46 \, ^N/_{mm^2}$$

$$\tau_{amm} = \frac{\sigma_{amm}}{2} = \frac{208}{2} = 104 \, ^N/_{mm^2}$$

$9,46 < 104 \qquad \rightarrow \qquad$ Verificato

**La sezione calcolata ha diametro d = 134 mm**

**ALLUNGAMENTO RELATIVO:**

$$\varepsilon = \frac{\sigma}{E} = \frac{208}{200'000} = 10,4 \cdot 10^{-4}$$

## CINEMATICA

- Cinematica del punto e del corpo
- **TRAIETTORIA**: insieme dei punti dello spazio toccati dal punto materiale P.

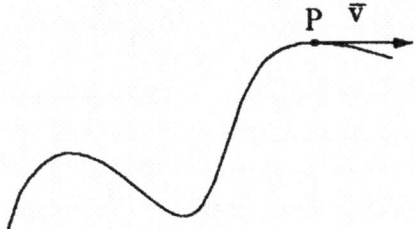

Da qui deriva il vettore VELOCITÀ e l'ACELERAZIONE

$$\vec{V} = \frac{\vec{S}}{t}\left[\frac{m}{s}\right] \qquad\qquad \vec{a} = \frac{\overrightarrow{\Delta V}}{\Delta t}\frac{[m/s]}{[s]} = \left[\frac{m}{s^2}\right]$$

Se la traiettoria è una retta il moto **è RETTILINEO**. Se la velocità è costante il moto è **RETTILINEO UNIFORME**.

Se la traiettoria è una circonferenza il moto **è CIRCOLARE ed è UNIFORME se la velocità angolare è costante.**

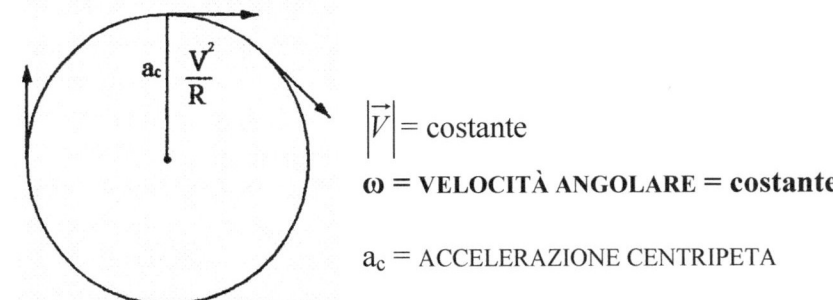

$\left|\vec{V}\right| =$ costante

$\omega$ = **VELOCITÀ ANGOLARE = costante**

$a_c$ = ACCELERAZIONE CENTRIPETA

$$\left|\vec{V}\right| = \omega \cdot R$$

$S = f(t) \quad \Leftarrow$ **legge oraria del moto**

Per poter calcolare la **CINEMATICA di un CORPO** di devono fare due passaggi:

1. INDIVIDUAZIONE DELLA CINEMATICA DEL BARICENTRO
2. CALCOLO DELLA CINEMATICA DEL CORPO ATTORNO AL BARICENTRO

$$S = S_0 + V_0 t + Vt + \frac{1}{2} at^2$$

- $S_0$ è uno spazio da cui parte il punto
- $V_0$ è la velocità del punto all'inizio

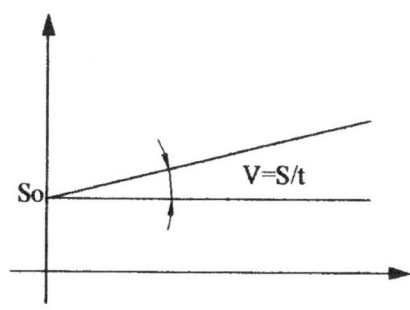

**MOTO RETTILINEO UNIFORME**

$$a = \frac{V_1 + V_2}{t} = \text{cost}$$

$$V_2 = V_1 - at$$

$$V_M = \frac{V_1 + V_2}{2} = \frac{V_1 + V_1 - at}{2} = \frac{2V_1 - at}{2}$$

## MOTI CIRCOLARI

Un punto P descrive una traiettoria circolare, quando si muove mantenendosi sempre alla stessa distanza da un punto fisso.

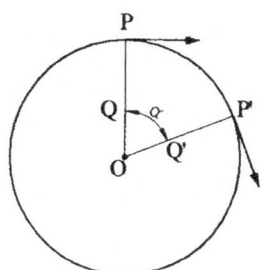

$$\omega = \frac{\alpha}{t}$$

$\omega$ = VELOCITÀ ANGOLARE

$\varepsilon$ è il rapporto fra l'angolo al centro descritto ed il tempo impiegato per descrivere tale angolo.

Se il moto circolare non è uniforme si ha:

$$\varepsilon = \frac{\Delta\omega}{\Delta t} \qquad a = \varepsilon \cdot r$$

## COMPOSIZIONE DI MOTI

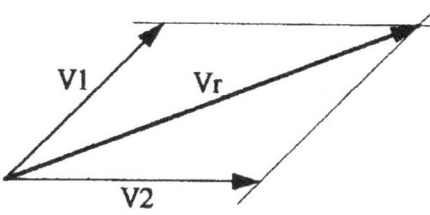

La risultante si trova sommando con la regola del parallelogramma i due vettori.

## MOTO PARABOLICO

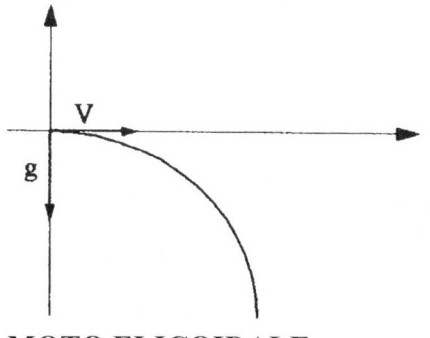

Il moto **orizzontale è UNIFORME** mentre **quello verticale è UNIFORMEMENTE ACCELERATO**. Facendo la composizione si ottiene il vettore in un istante; **questo vettore deve essere aggiornato in continuazione**.

## MOTO ELICOIDALE

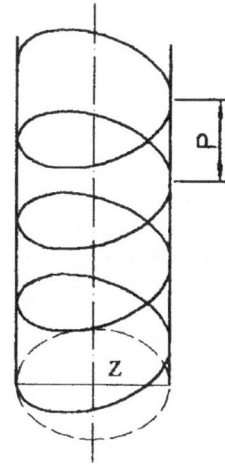

p = passo

Il moto è **ELICOIDALE** se la traiettoria seguita dal punto materiale è un ELICA.

Il PASSO è legato all'ANGOLO D'INCLINAZIONE ($\alpha$) della traiettoria rispetto ad un piano orizzontale dalla relazione:

$$p = 2\pi \cdot r \cdot tg\alpha$$

$$V_1 = V \cos\alpha \qquad V_2 = V sen\alpha$$

Oppure: $\qquad V_1 = V \cos\alpha \qquad V_2 = V_1 tg\alpha$

Da cui:

$$V = \sqrt{\frac{4\pi^2 r^2 + m^2 p^2}{4\pi^2}} = \frac{m}{2\pi}\sqrt{4\pi^2 r^2 + p^2}$$

**Questo MOTO è dato COMPONENDO un moto circolare con un moto verticale.**

## MOTO ARMONICO

Il MOTO ARMONICO si genera proiettando il moto circolare uniforme sul diametro della circonferenza.
**La TRAIETTORIA del moto armonico, quindi è di tipo RETTILINEO.**

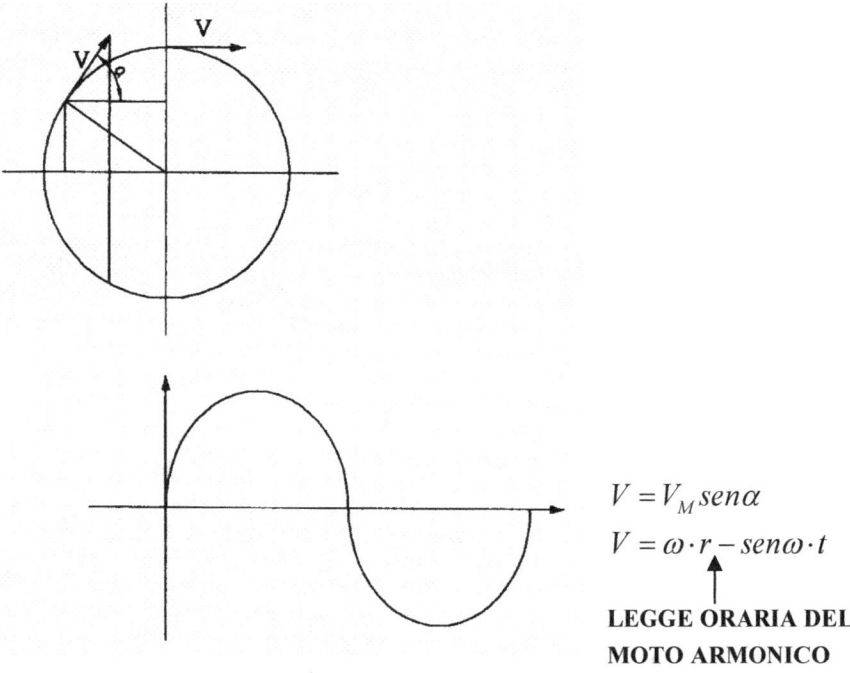

$$V = V_M \, sen\,\alpha$$
$$V = \omega \cdot r - sen\,\omega \cdot t$$

**LEGGE ORARIA DEL MOTO ARMONICO**

**Un'automobile** procede su una strada rettilinea, seguendo un autotreno lungo complessivamente 18metri, ad una distanza di 16m. Ambedue i veicoli mantengono una velocità costante di 67 km/h. Calcolare il tempo necessario al sorpasso, supponendo che questo si concluda 20 metri davanti all'autotreno.
**Considerare a = 1,33 m/s²**

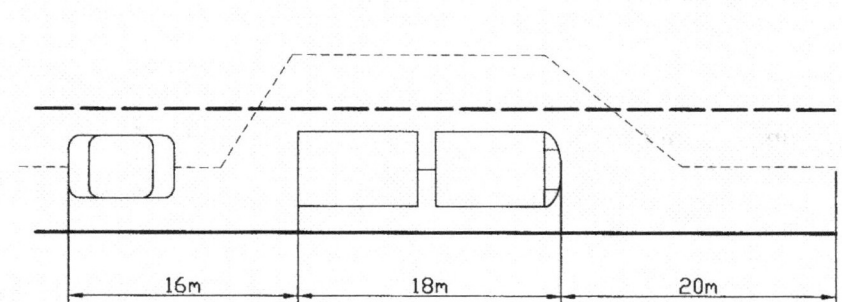

Se la macchina accelera con accelerazione costante "a" percorrerà nel tempo "t" uno spazio.

$$S_M = V_M \cdot t + \frac{1}{2} at^2$$

Essendo

$$V_M = \frac{V}{3,6} = \frac{67}{3,6} = 18,6 \, m/s$$

Nello stesso tempo "t" l'autotreno percorre una distanza

$$S_A = V_A \cdot t$$

Pertanto, tenuto conto del distacco iniziale (16m) e dello spazio necessario al rientro in corsia (20m) lo spazio percorso dall'auto deve essere.

$$S_M = S_A + 16 + 18 + 20 = S_A + 54 = V_A \cdot t + 54$$

Cioè:

$$V_M \cdot t + \frac{1}{2}at^2 = V_A \cdot t + 54$$

Essendo $V_M = V_A$ si ha:

$$\frac{1}{2}at^2 = 54$$

**Da ciò si può ricavare il valore di t:**

$$t = \sqrt{\frac{2 \cdot 54}{1,33}} = \sqrt{81,1} \cong 9s$$

**La velocità del veicolo alla fine della manovra** di sorpasso è:

$$V_F = V_M + at = 18,6 + 1,33 \cdot 9 = 30,6 \frac{m}{s} = 110 \frac{km}{h}$$

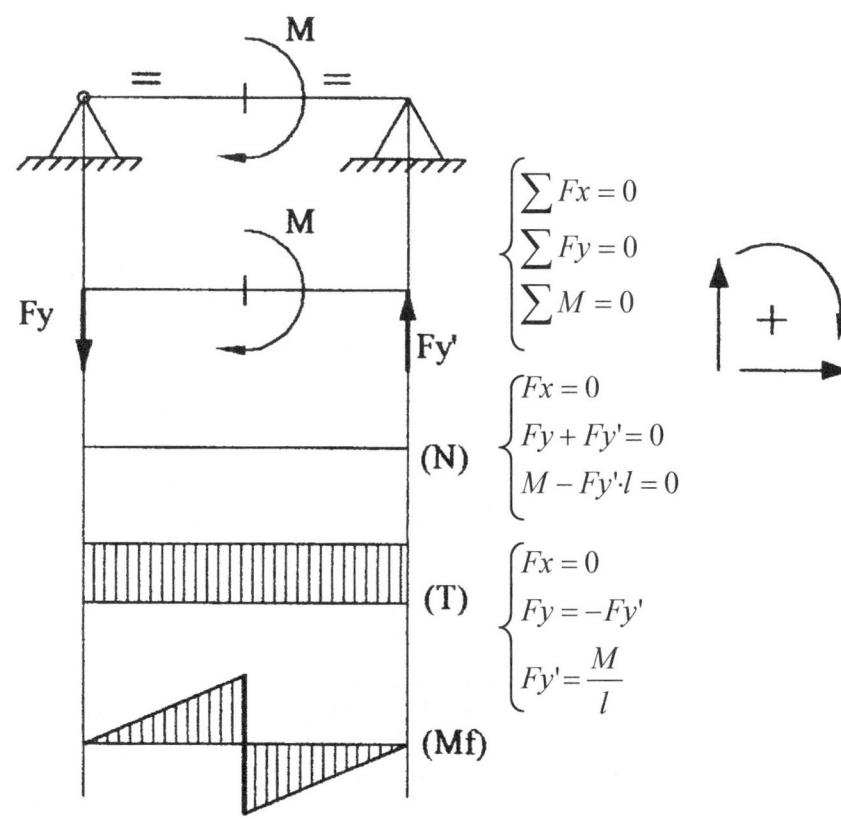

$$\begin{cases} \sum Fx = 0 \\ \sum Fy = 0 \\ \sum M = 0 \end{cases}$$

$$\begin{cases} Fx = 0 \\ Fy + Fy' = 0 \\ M - Fy' \cdot l = 0 \end{cases}$$

$$\begin{cases} Fx = 0 \\ Fy = -Fy' \\ Fy' = \frac{M}{l} \end{cases}$$

## CADUTA DI UN CORPO GRAVE DI MASSA m

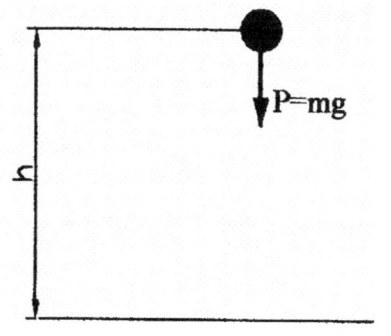

Questo è un moto uniformemente accelerato con **accelerazione g:**

$$V = g \cdot t$$

$$h = \frac{1}{2} g \cdot t^2 = \frac{1}{2} g \left( \frac{v}{g} \right)^2 = \frac{1}{2} \cdot \frac{V^2}{g}$$

$$t = \frac{V}{g}$$

$$V^2 = 2gh \quad \blacktriangleright \quad V = \sqrt{2gh}$$

Essendo g e h due grandezze COSTANTI si deduce **che la velocità NON DIPENDE dalla massa del corpo.**

Se non ci fosse il vuoto ma un mezzo diverso si avrebbe una **RESISTENZA DEL MEZZO** che dipende dalla velocità

BASSE VELOCITÀ ➔ $-K\vec{V}$

- MEDIE VELOCITÀ ➔ $-K\vec{V}^2$

- ALTE VELOCITÀ ➔ $-K\vec{V}^3$

**Il segno – sta ad indicare che la forza dovuta alla resistenza del mezzo si oppone al moto del corpo.**

## MOTO DEL PENDOLO SEMPLICE

Se abbiamo un filo perfettamente INESTENSIBILE e FLESSIBILE

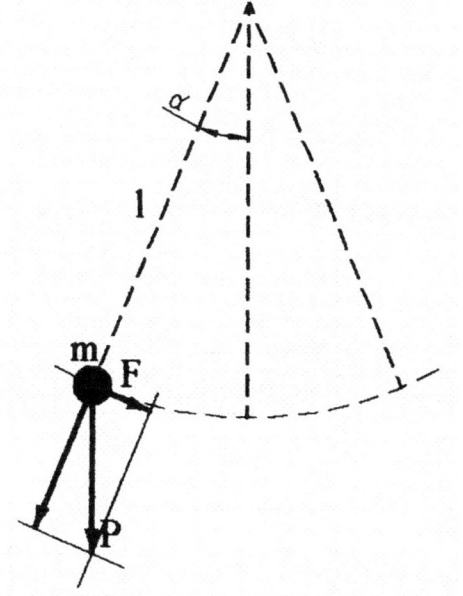

α deve essere ABBASTANZA PICCOLO

Nel VUOTO questo moto non ha mai fine, **mente nell'aria l'oscillazione si riduce a causa della resistenza del mezzo (aria).**

**Sia nel vuoto che nell'ARIA le OSCILLAZIONI sono ISOCRONE con il periodo:**

$$T = 2\pi \sqrt{\frac{l}{g}}$$

**Il periodo rimane sempre costante, anche se, all'aumentare del tempo diminuisce l'ampiezza delle oscillazioni.**

**La DINAMICA studia il MOTO dei corpi in RELAZIONE alle CAUSE che lo hanno prodotto (FORZE), mentre, la CINEMATICA, studia SOLO IL MOTO, senza considerarne le cause.**

MECCANISMO BIELLA-MANOVELLA

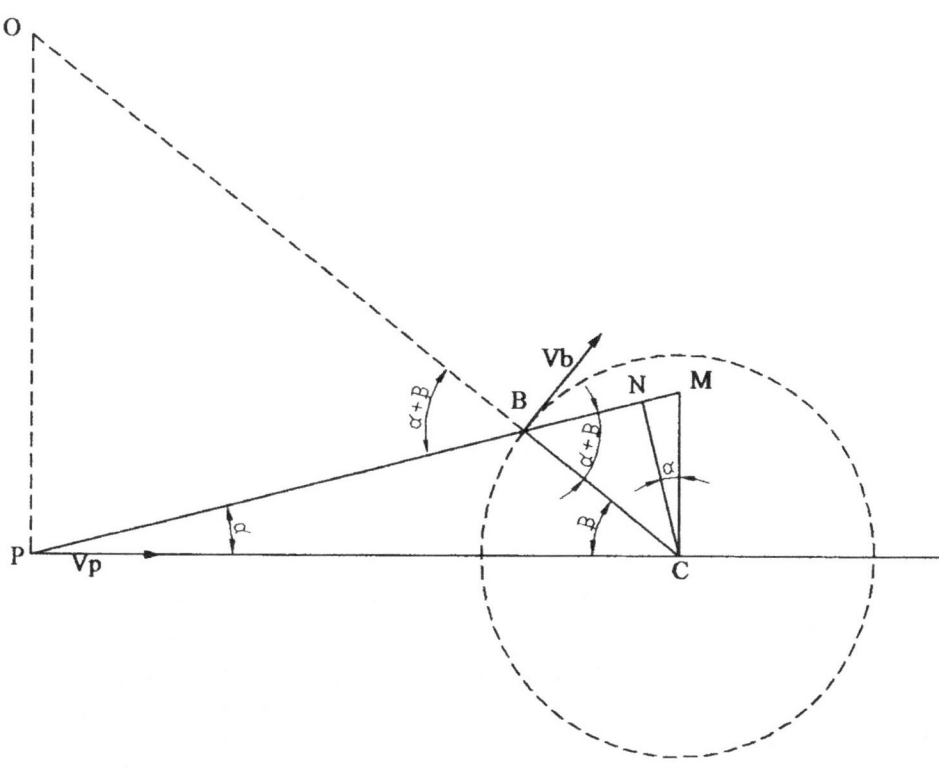

**Il MOTO ROTATORIO della MANOVELLA viene trasformato in moto RETTILINEO ALTERNATO.**
In teoria la biella (asta con all'estremità due cerniere) può trasmettere **solo TRAZIONI o COMPRESSIONI (AZIONI ASSIALI) e non MOMENTI.**

I parametri conosciuti sono:
$\overline{OP}$   $\overline{CB}$   α    β    $V_B$

Tutto si deduce dimostrando la SIMILITUDINE fra i due triangoli:
$$OPB \cong BCM$$

$$V_P = V_B \cdot \frac{\overline{OP}}{\overline{OB}}$$

M è il punto d'intersezione fra il prolungamento di $\overline{PB}$ e la verticale nel centro C

$$\frac{\overline{OP}}{\overline{OB}} = \frac{\overline{OM}}{\overline{CB}} = \frac{\overline{CM}}{r}$$

Da cui si ricava:

$$V_P = V_B \frac{\overline{CM}}{r}$$

$$\overline{CN} = \overline{CM} \cos\alpha \quad e \quad \overline{CN} = r \cdot sen(\alpha + \beta)$$

Eguagliando i secondi membri si ottiene $\overline{CM}$ :
$$\overline{CM} = \frac{r \cdot sen(\alpha + \beta)}{\cos\alpha}$$

Sostituendo nella formula di $V_P$.

$$V_P = V_B \cdot \frac{sen(\alpha + \beta)}{\cos\alpha}$$

Se si avesse α = 0 si avrebbe cosα = 1        sen(α+β) = senβ
E si ha:
$$V_P = V_B \cdot sen\beta$$

**Che è** un MOTO ARMONICO.

**Per avere α ➔ 0 bisogna avere la biella molto lunga**.

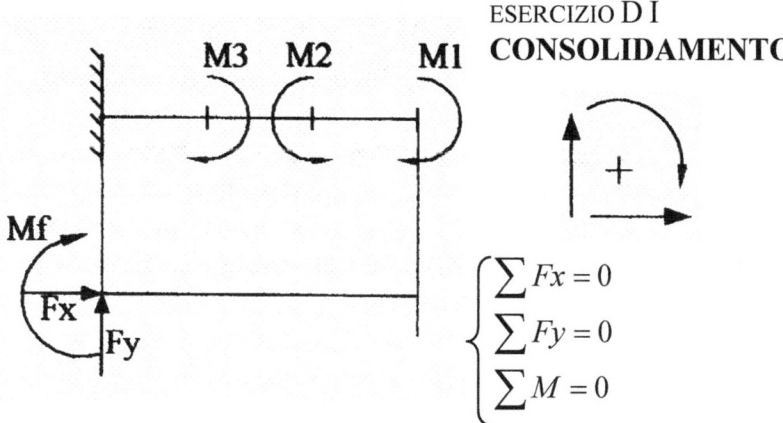

ESERCIZIO D I
## CONSOLIDAMENTO

$$\begin{cases} \sum Fx = 0 \\ \sum Fy = 0 \\ \sum M = 0 \end{cases}$$

$$\begin{cases} Fx = 0 \\ Fy = 0 \\ M_3 - M_2 + M_1 = Mf \end{cases} \qquad \begin{array}{l} Fx = 0 \\ Fy = 0 \\ Mf = M_1 + M_2 - M_3 \end{array}$$

## LEGGI FONDAMENTALI DELLA DINAMICA

La DINAMICA si divide PER SEMPLICITA' in
- DINAMICA MOTI TRASLATORI
- DINAMICA MOTI ROTATORI

**Ci sono <u>tre leggi fondamentali</u>**

### 1ª LEGGE (O LEGGE D'INERZIA)
Un corpo persevera nel suo stato di quiete o di moto rettilineo uniforme fino a che non interviene una causa esterna capace di alterare tale stato.

### 2ª LEGGE (O LEGGE DI PROPORZIONALITÀ)
Una forza applicata ad un corpo di massa m gli imprime una ACCELERAZIONE proporzionale all'intensità della forza stessa ed orientata nella stessa direzione.
$$\vec{F} = m \cdot \vec{a}$$

### 3ª LEGGE (LEGGE DI AZIONE-REAZIONE)
Ad ogni azione corrisponde una reazione uguale in direzione, uguale in intensità, ma di verso opposto.

### SCHEMA:

**1.**

ASSENZA SISTEMI DI FORZE ➔ PERMANENZA     STATO DI QUIETE

SISTEMI DI FORZE A R=0 ➔ PERMANENZA

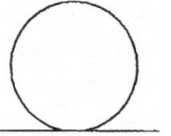

MOTO
RETTILINEO
UNIFORME

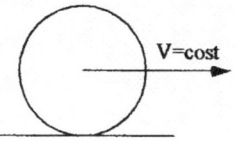

**2.**     $\vec{F} = m \cdot \vec{a}$

**3.**

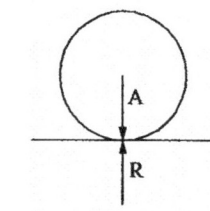

# SISTEMI DI RIFERIMENTO INERZIALI

**Queste tre leggi valgono solo in SISTEMI DI RIFERIMENTO INERZIALI e cioè fissi con le stelle fisse oppure che si muovono di MOTO RETTILINEO UNIFORME rispetto alle stelle fisse.**

.........................................................................

## IMPULSO **DI UNA FORZA**

L'IMPULSO di una forza F applicato su un corpo per un certo tempo t è il prodotto della forza per il tempo per il quale la forza è rimasta applicata.

$$I = F \cdot t \quad [N] \cdot [s]$$

## QUANTITÀ DI MOTO

La QUANTITÀ DI MOTO di un corpo di massa m che si muove alla velocità v è il prodotto fra la massa e la velocità

$$Q = m \cdot V \quad [kg] \cdot \left[\frac{m}{s}\right] = \left[\frac{Kg \cdot m}{s}\right]$$

Teorema:

**L'IMPULSO di una forza su un corpo di massa m è pari alla variazione della QUANTITÀ DI MOTO**

.PROBLEMA: **UN CALCIO AL PALLONE**

F = 500N
l = 120m spazio percorso dal pallone          V = ?
T = 0,1s                                       $t_1$ = ?
m = 1kg

$$V = \frac{F \cdot t}{m} = \frac{500 \cdot 0,1}{1} = 50 \, {}^{m}\!/_{s}$$

$$t = \frac{120}{50} = 2,4 s$$

## PRINCIPIO DI D'ALEMBERT

Questo principio **permette di riscrivere problemi dinamici come se fossero problemi statici.**

$$\vec{F} = m \cdot \vec{a}$$
$$Fm - Fr = m \cdot a$$
$$\boxed{Fm - Fr - m \cdot a = 0}$$

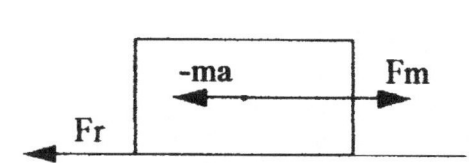

Fm → FORZA MOTRICE

Fr → FORZA RESISTENTE

ma → **FORZE D'INERZIA**

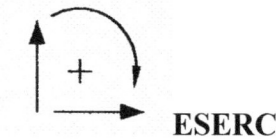

**ESERC. FLESSIONE**

$$\sum Fx = 0$$

$$\sum Fy = 0$$

$$\sum M = 0$$

$x = 0$

$y = F_1 + F_2$

$$M = M_1 + M_2 + F_1 \cdot \frac{l}{2} + F_2 \cdot l$$

$$\sigma = \frac{M}{Wf} = \frac{M}{0,1d^3}$$

Fe 520 ➔ $\sigma_R = 520 \, {N}/{mm^2}$ ➔ $\sigma_{amm} = \frac{\sigma_R}{\eta} = \frac{520}{2} = 260 \, {N}/{mm^2}$

**ESERC. FLESSIONE CASO PARTICOLARE:**

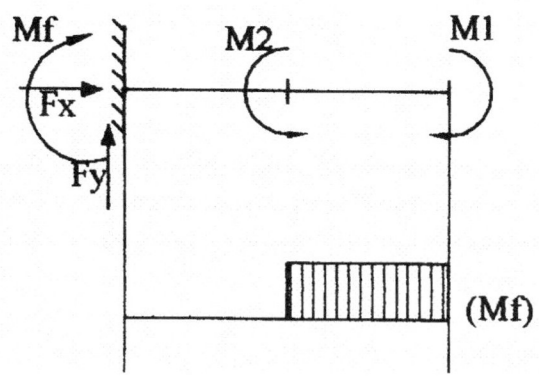

## LAVORO DI UNA FORZA

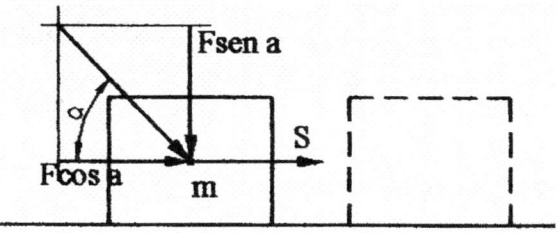

Il LAVORO è il prodotto della forza nella direzione dello spostamento, per lo spostamento.

$L = F \cdot S \cdot \cos\alpha$      [N][m] = [Nm]

La componente verticale della forza non incide sul lavoro

### ENERGIA CINETICA E POTENZIALE

**L'energia cinetica** di un corpo di massa m è proporzionale alla massa stessa e alla velocità al quadrato del corpo

$$Ec = \frac{1}{2} m \cdot V^2$$

**L'energia potenziale** è proporzionale al peso del corpo e all'altezza del corpo rispetto ad un piano di riferimento

$Ep = P \cdot h$

### PRINCIPIO DI CONSERVAZIONE DELL'ENERGIA

$Ep_{max} = m \cdot g \cdot h$

$Ec = 0$      $E_{tot} = Ep + Ec$

$Ep = m \cdot g \cdot h_1$

$Ec = \frac{1}{2} m \cdot V^2$

$Ep = 0$

$Ec_{max} = \frac{1}{2} m \cdot V^2$      $E_{tot} = Ep + Ec$

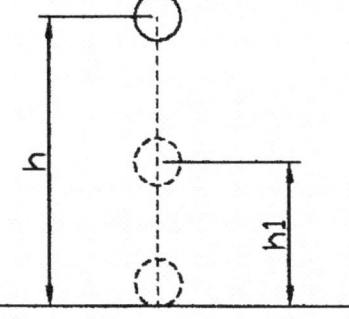

**Il CAMPO GRAVITAZIONALE è un CAMPO CONSERVATIVO**

## POTENZA MECCANICA

$$N = \frac{L}{t} = \frac{F \cdot s}{t} = F \cdot V = [N] \cdot \left[\frac{m}{s}\right] = \left[\frac{J}{s}\right] = [W]$$

## MOMENTO QUADRATICO DI MASSA (DINAMICA)

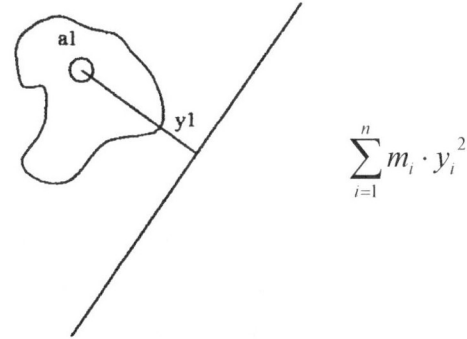

$$\sum_{i=1}^{n} m_i \cdot y_i^2$$

ESERCIZIO: CONSOLIDAMENTO, APPROFONDIMENTO STATICA:

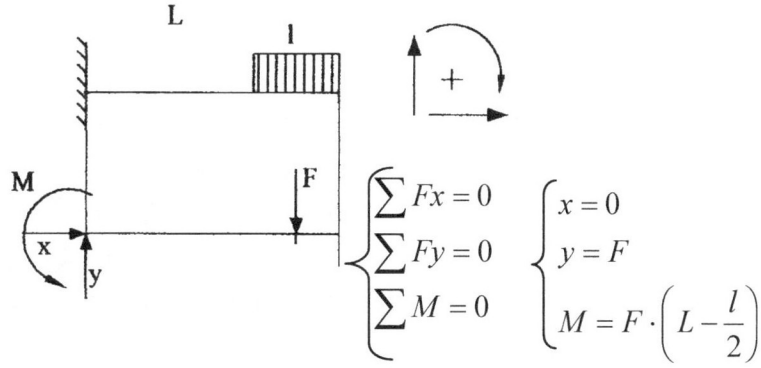

$$\begin{cases} \sum Fx = 0 \\ \sum Fy = 0 \\ \sum M = 0 \end{cases} \begin{cases} x = 0 \\ y = F \\ M = F \cdot \left(L - \dfrac{l}{2}\right) \end{cases}$$

**Questa SOSTITUZIONE TRA CARICO DISTRIBUITO E CONCENTRATO, vale solo per il calcolo delle reazioni e non per il calcolo dei momenti**

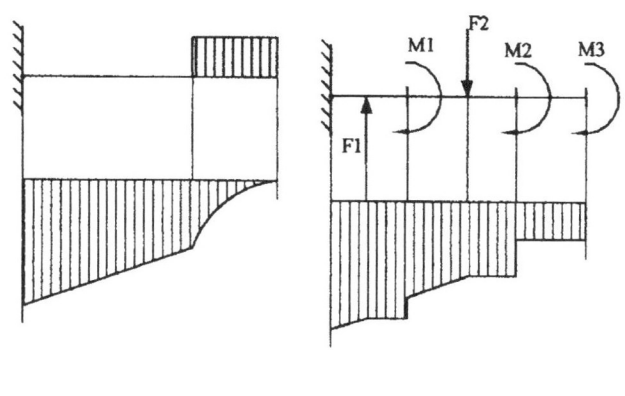

**ALTRI ESEMPI**

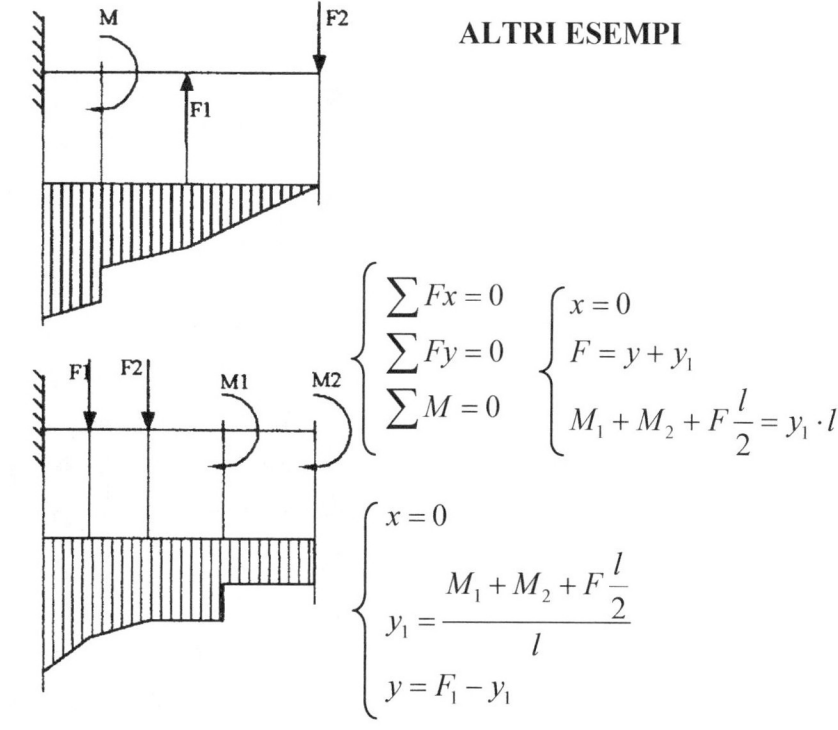

$$\begin{cases} \sum Fx = 0 \\ \sum Fy = 0 \\ \sum M = 0 \end{cases} \begin{cases} x = 0 \\ F = y + y_1 \\ M_1 + M_2 + F\dfrac{l}{2} = y_1 \cdot l \end{cases}$$

$$\begin{cases} x = 0 \\ y_1 = \dfrac{M_1 + M_2 + F\dfrac{l}{2}}{l} \\ y = F_1 - y_1 \end{cases}$$

| Tavola sinottica: | MOTI TRASLATORI | MOTI ROTATORI |
|---|---|---|
| • LEGGE FONDAMENTALE | $F = m \cdot a$ | $Ft = mV - mV$ |
| • TEOREMA DELLA QUANTITÀ DI MOTO | $Ft = mV - mV_0$ | $Mt = I\omega - I \cdot \omega_0$ |
| • LAVORO | $L = F \cdot s$ | $L = M \cdot \alpha$ |
| • POTENZA | $N = F \cdot V$ | $N = M \cdot \omega$ |
| • ENERGIA CINETICA | $E_C = \dfrac{1}{2} m \cdot V^2$ | $Ec = \dfrac{1}{2} I \cdot \omega^2$ |
| • TEOREMA DELL'ENERGIA CINETICA (O DELLE FORZE VIVE) | $L = \dfrac{1}{2} m \cdot V^2 + \dfrac{1}{2} m \cdot V_0{}^2$ | $L = \dfrac{1}{2} I \cdot \omega^2 + \dfrac{1}{2} I \cdot \omega_0{}^2$ |
| • TEOREMA DI D'ALEMBERT | $F_M - F_R - m \cdot a = 0$ | $M_M - M_R - I \cdot \varepsilon = 0$ |

## DINAMICA DEI MOTI

**ROTATORI** $\qquad I = \displaystyle\sum_{i}^{n} m_i \cdot r_i^2 =$ **momento**

PROBLEMA:

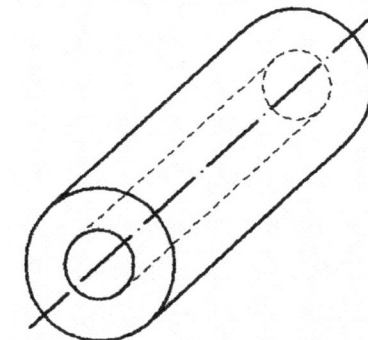

$N = M \cdot \omega$

$$M = \frac{20000}{2000} = \frac{20000[W]}{\dfrac{2\pi}{60} 2000 \left[\dfrac{rad}{s}\right]}$$

$$= \frac{20000}{66,7\pi} = \frac{300}{\pi} = 95,4 [N \cdot m]$$

$N = 20kW$

$\omega = 2000\,{}^{giri}\!/_{min}$

**ESERCIZIO.**

**DISEGNATE LA FORZA D'INERZIA –ma CHE SECONDO IL PRINCIPIO DI D'ALEMBERT HA DIREZIONE ORIZZONTALE, VERSO DISCORDE ALL'ACCELERAZIONE, PENSANDOLA APPLICATA AL BARICENTRO DEL MOTORINO POSTO COINCIDENTE CON IL G DEL MOTORE..........................**

$$\dotfill$$

| ELASTICI | ANELASTICI | URTI |
|---|---|---|

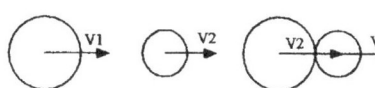 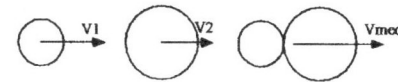

Le due masse in questo caso si scambiano le velocità

ESERCIZIO:

## RISOLUZIONE DEL CASO DI *URTO OBLIQUO*

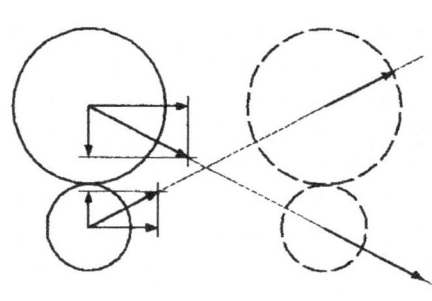

Quando due corpi che si muovono secondo traiettorie diverse, l'urto si definisce OBLIQUO e bisogna considerare le componenti delle velocità nella direzione della congiungente dei due baricentri $G_1$ e $G_2$

- **URTO ELASTICO**

$$V_x' = \frac{m_1 \cdot V_{x1} + m_2 \cdot V_{x2}}{m_1 + m_2}$$

$$V_y' = \frac{m_1 \cdot V_{y1} + m_2 \cdot V_{y2}}{m_1 + m_2}$$

$$\vec{V'} = \vec{V_x'} + \vec{V_y'} = \sqrt{V_x'^2 + V_y'^2}$$

- **URTO ANAELASTICO**

$$V_{x1}' = 2 \cdot \frac{m_1 \cdot V_{x1} + m_2 \cdot V_{x2}}{m_1 + m_2} - V_{x1}$$

$$V_{x2}' = 2 \cdot \frac{m_1 \cdot V_{x1} + m_2 \cdot V_{x2}}{m_1 + m_2} - V_{x2}$$

$$V_{y1}' = 2 \cdot \frac{m_1 \cdot V_{y1} + m_2 \cdot V_{y2}}{m_1 + m_2} - V_{y1}$$

$$V_{y2}' = 2 \cdot \frac{m_1 \cdot V_{y1} + m_2 \cdot V_{y2}}{m_1 + m_2} - V_{y2}$$

$$\vec{V_1'} = \vec{V_{x1}'} + \vec{V_{y1}'}$$

$$\vec{V_2'} = \vec{V_{x2}'} + \vec{V_{y2}'}$$

# L'ATTRITO **RADENTE**

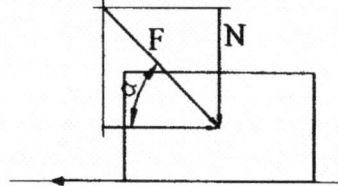

$$R = \mu \cdot N$$
$$N = F \cdot sen\alpha$$

$$0 < \mu < 1$$

La FORZA D'ATTRITO (resistenza) è proporzionale alla componente verticale della forza F, tramite un **coefficiente d'attrito (μ)**

μ → 0     SUPERFICI LISCE

μ → 1     SUPERFICI RUVIDE

ESENPIO:     **PIANO INCLINATO**

Se:

<u>R > Px</u>   il corpo non si muove

<u>R < Px</u>   il corpo si muove

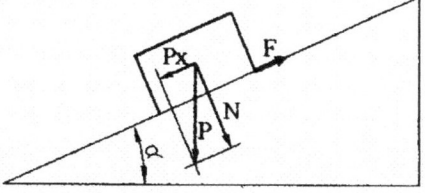

$$\mu_{STATICO} \cong 2\mu_{DINAMICO}$$

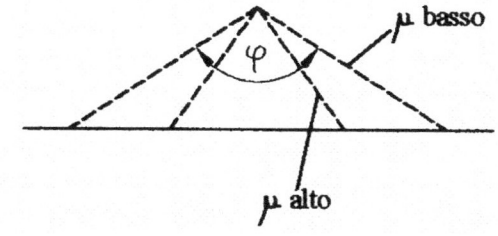

$$tg\varphi = \mu$$

**L'INCLINAZIONE DELLA SABBIA DA' IL COEFFICIENTE D'ATTRITO DEL MATERIALE CHE E' STATO AMMUCCHIATO.**

# RESISTENZA DEL MEZZO

$F = -KV$     VELOCITÀ BASSA

$F = -KV^2$     VELOCITÀ MEDIA

$F = -KV^3$     VELOCITÀ ALTA

**K dipende dalla SEZOIONE FRONTALE SX e da un COEFFICINETE DINAMICO (Cx) cioè K= CX. SX**

# CONDIZIONE DI NON SLITTAMENTO

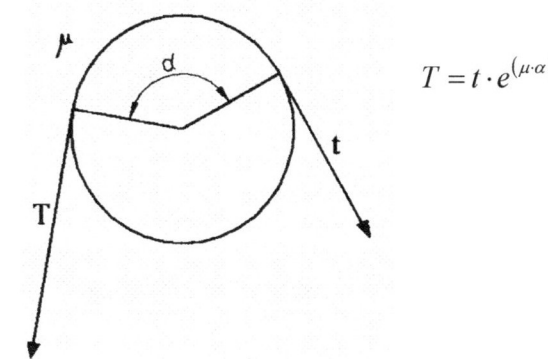

$$T = t \cdot e^{(\mu \cdot \alpha)}$$

**ESERCIZIO**

$\alpha = \pi$

$t = 700N$     $T < t \cdot e^{(\mu \cdot \alpha)}$

$\mu = 0,3$     $T < 1796N$

**Se faccio <u>1 giro e ½</u>**

$\alpha = 3\pi$     $T < t \cdot e^{(3\mu\pi)}$    $T < 700e^{3 \cdot 0,3 \cdot \pi}$

          $T < 11831N$

ESEMPI DI DIAGRAMMI MOMENTI FLETTENTI
**APPROFONDIMENTI**

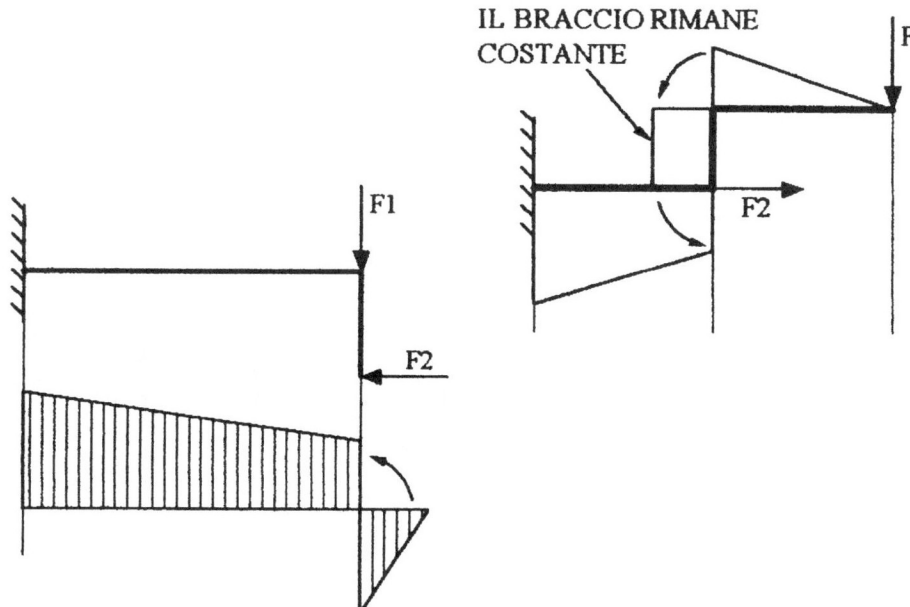

**Si riporta perché il punto è comune a tutti due i tratti**

**OPERATRICI,          MOTRICI**
A FLUIDO
**MACCHINE ED IMPIANTI**

le macchine sono per TRASMISSIONI DI POTENZA mediante ALBERI e INGRANAGGI.

Le MACCHINE OPERATRICI operano sul fluido (il fluido viene cambiato nelle sue caratteristiche)

Le MACCHINE MOTRICI ricevono l'ENERGIA dal fluido per mettere in moto una girante (ad esempio TURBINE)

Le MACCHINE A FLUIDO hanno un fluido all'interno (ad esempio il motore ha aria e miscela)

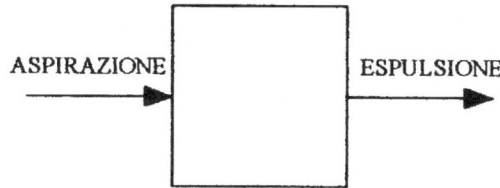

Oltre alle macchine a fluido esistono anche macchine elettriche (motrici, operatrici, trasformatrici, ecc) che hanno anche la loro componente meccanica.

Gli IMPIANTI sono un INSIEME DI MACCHINE **di qualsiasi tipo.**

## TURBINE

### TURBINE **PELTON**
- Salto alto
- Portate modeste
- n° di giri elevato

### TURBINA **FRANCIS**
- Salto medio
- Portata media

### TURBINA **KAPLAN:**
- Salto basso
- Portata elevata

Gli **ALTERNATORI** vengono messi coassialmente all'asse della turbina.

## LE TURBINE

| TIPO / CARAT. | PELTON | FRANCIS | KAPLAN |
|---|---|---|---|
| SALTO | ELEVATO (1000-2000m) | MEDIO | BASSO |
| PORTATA | BASSA | MEDIA | ELEVATA |
| N° DI GIRI | ELEVATO | MEDIO | BASSO |
| AZIONE | ATTIVA | REATTIVA | REATTIVA |
| ALTERNATORE | COASSIALE | COASSIALE | COASSIALE |
| DISEGNO | | RICERCARE SU INTERNET | RICERCARE SU INTERNET SITI CASE COSTRUTTRICI |

**POTENZA DELLE TURBINE:**

$$N = n \cdot \frac{\gamma \cdot Q \cdot H}{75}$$

**NUMERO DI GIRI:**

$$n_S = \frac{n\sqrt{N}}{H^4}$$

n = NUMERO DI GIRI;  $\gamma$ = **PESO SPECIFICO**;  Q = **PORTATA**;  H = **SALTO**

## IDROSTATICA

- PRESSIONE ASSULUTA E RELATIVA
- **PRINCIPIO DI TORRICELLI**

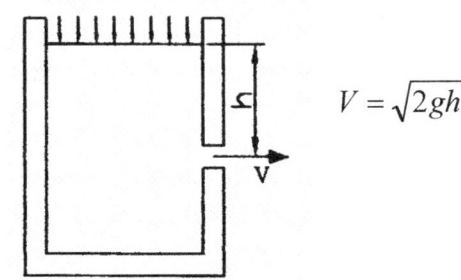

$$V = \sqrt{2gh}$$

- **PRINCIPIO DI PASCAL**

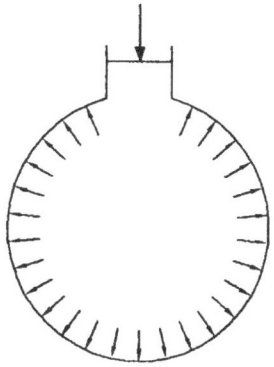

**La FORZA F applicata si propaga UNIFORMEMENTE in tutte le direzioni**

- **PRINCIPIO DI ARCHIMEDE**

Un corpo immerso in un liquido riceve una spinta verso l'alto che è pari al peso del volume di liquido spostato.

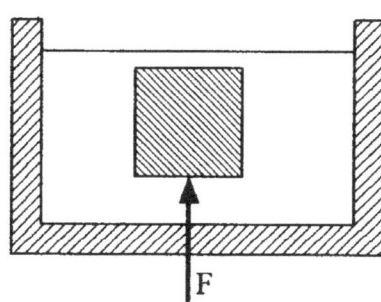

$$F = \gamma \cdot V$$

**$\gamma$ = PESO SPECIFICO DEL LIQUIDO**
V = VOLUME

## LA PORTATA

$$Q = A \cdot V \left[ \frac{m^3}{s} \right]$$

$$Q = \text{COST} = A_1 \cdot V_1 = A_2 \cdot V_2$$

**SE IL FLUSSO È CONTINUO**

- **TEOREMA DI BERNOULLI PER LIQUIDI INCOMPRIMIBILI**

➤ Liquidi ideali: $z + \dfrac{P}{\gamma} + \dfrac{V^2}{2g} = \text{cost}$

➤ Liquidi reali: $z_1 + \dfrac{P_1}{\gamma} + \dfrac{V_1^2}{2g} = z_2 + \dfrac{P_2}{\gamma} + \dfrac{V_2^2}{2g} + Y + \sum y$

$\sum y$ è la SOMMATORIA **DELLE PERDITE LOCALIZZATE** dovute a cambiamenti di direzione (GOMITI) o a STROZZATURE

Y rappresentano **le PERDITE DISTRIBUITE** e sono tutte le perdite continue lungo la condotta e sono proporzionali alla lunghezza della condotta. Esse sono dovute all'attrito interno fra le molecole del liquido ed all'attrito con le pareti della condotta.

- **LINEA PIEZOMETRICA**

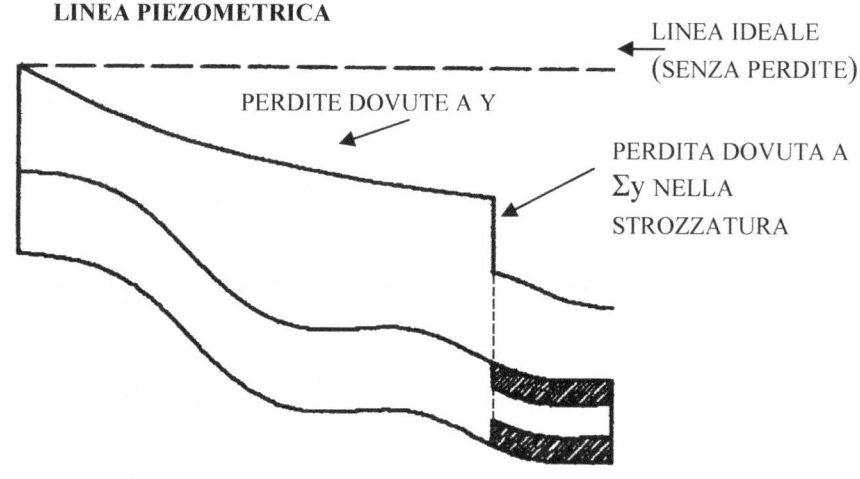

LINEA IDEALE (SENZA PERDITE)

PERDITE DOVUTE A Y

PERDITA DOVUTA A $\Sigma y$ NELLA STROZZATURA

# LE POMPE

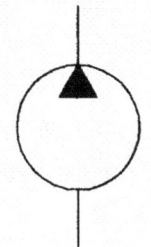

**La pompa è una MACCHINA OPERATRICE.**

**L'ELETTROPOMPA** è accoppiata con un MOTORE ASINCRONO

**La PREVALENZA** è l'energia prelevata dalla corrente, e viene data al fluido

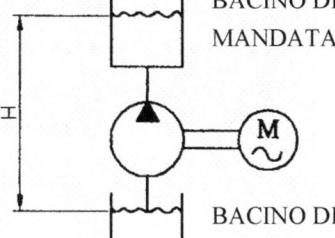

BACINO DI MANDATA

PREVALENZA H [m] è l'energia tolta dalla rete elettrica e si trasforma in energia meccanica potenziale

BACINO DI PESCAGGIO

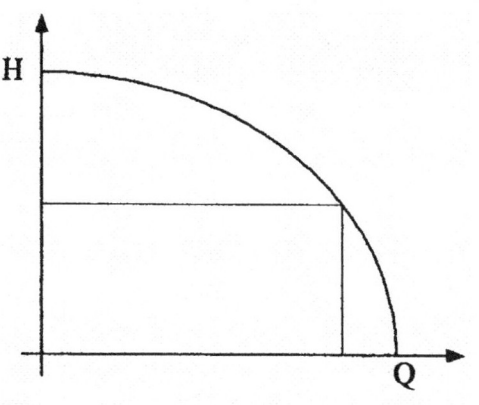

**CURVA CARATTERISTICA DI UNA POMPA**

Maggiore deve essere la portata, minore deve essere la prevalenza

## POMPE IN PARALLELO

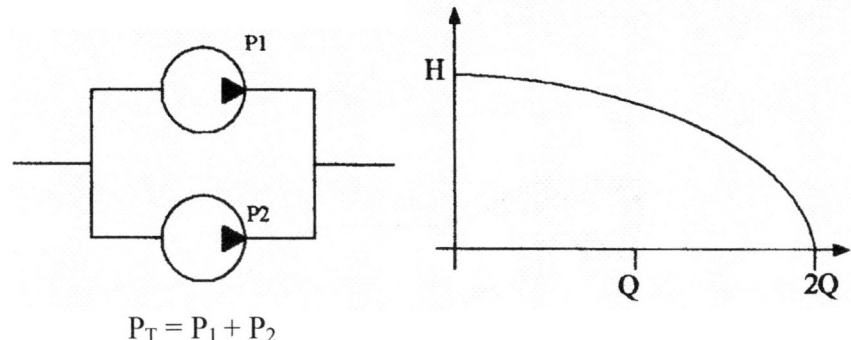

$P_T = P_1 + P_2$

## POMPE IN SERIE

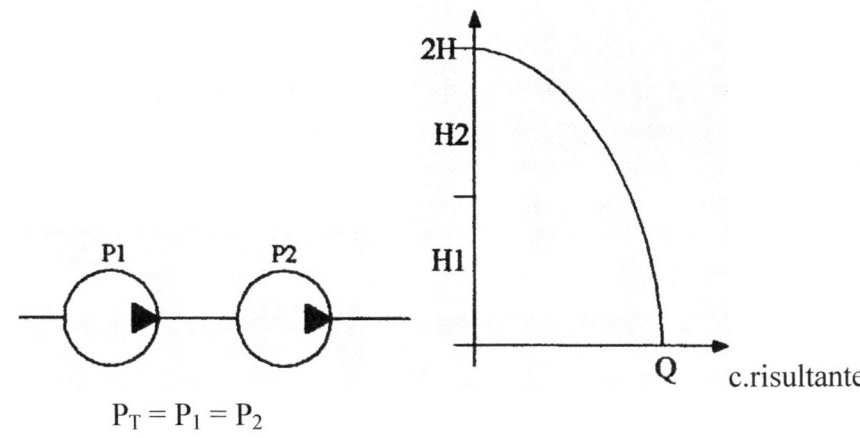

$P_T = P_1 = P_2$

c.risultante

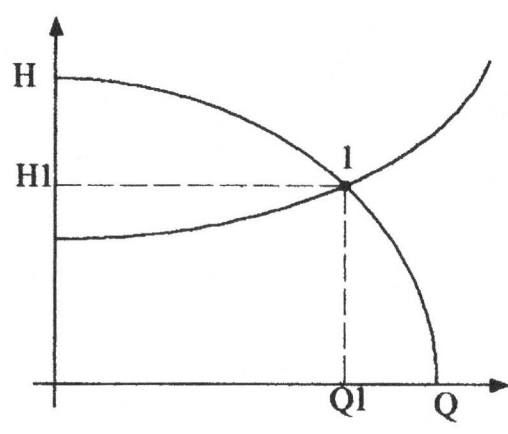

**CARATTERISTICA IDRAULICA DEL SISTEMA**

**Il sistema opera alla prevalenza H₁ e alla portata Q₁**

**CARATTERISTICA DELLA POMPA**

**IL PUNTO UNO E' IL PUNTO DI EQUILIBRIO DEL SISTEMA IN CUI LA PREVALEZA H1 E LA PORTATA Q1 POSSONO STABILMENTE ESSERE PRESENTI.**

...........................................................................

*APPROFONDIMENTI SUL SECONDO PRINCIPIO DELLA TERMODINAMICA*: IL CALORE NON PASSA SPONTANEAMENTE DA UN CORPO PIU' FREDDO AD UNO PIU' CALDO. **LA DIREZIONE NATURALE DEL CALORE E' DA UN CORPO PIU' CALDO A UN CORPO PIU' FREDDO.** >>> DA QUI **L'ENTROPIA CRESCE SEMPRE** NEI SISTEMI REALI, CIOE' **L'ENERGIA TOTALE SI DEGRADA** QUALITATIVAMENTE (DA LAVORO A CALORE A BASSA TEMPERATURA).

(IN BIOLOGIA, FILOSOFIA DELLA FISICA, POLITICA ECC. PUO' PENSARSI UNA **ENTROPIA NEGATIVA** O **NEGENTROPIA**, VEDERE IL BOTTONE NEGENTROPY SU WWW.NEGENTROPY.US )

## PRINCIPI DELLA TERMODINAMICA

Questo principio permette di calcolare le trasformazioni del lavoro in calore $E = \dfrac{1}{A}$     Q/L=A

Tutto il lavoro meccanico può essere trasformato completamente in calore, ma non viceversa

**Le MACCHINE TERMODINAMICHE trasformano il calore in lavoro ma con rendimenti molto, più bassi rispetto ai rendimenti della macchine elettriche.**

$$Q = \Delta U + AL$$

1° PRINCIPIO **DELLA TERMODINAMICA (CONSERVAZIONE DELL'ENERGIA IN UN SISTEMA CHIUSO)**

Q = QUANTITÀ DI CALORE
A = EQUIVALENTE TERMICO DEL LAVORO
L = LAVORO
ΔU = VARIAZIONE DI ENERGIA INTERNA (energia di agitazione molecolare; la velocità media delle molecole aumenta riscaldando e diminuisce raffreddando)

2° PRINCIPIO **DELLA TERMODINAMICA:**
     **L'ENTROPIA E' SEMPRE CRESCENTE**

**L'EQUAZIONE FONDAMENTALE DEI GAS È:**
$p \cdot V = n \cdot R \cdot T$

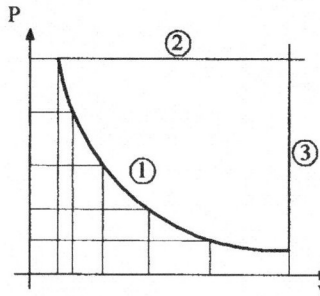

Le variabili di stato p e V, sul grafico, ad un T = costante, in quanto nR sono costanti

**TRASFORMAZIONE ISOTERMICA** (non ci sono variazioni di temperatura) (1)

L'INTEGRALE (area sottostante la curva) rappresenta **l'ENERGIA TERMICA,**

**Una trasformazione a pressione costante si dice ISOBARA (2)**

**Una trasformazione a volume costante si dice ISOCORA (3)**

L'ENTALPIA (h) di un fluido (individuato dalle variabili p, V e T) la somma dell'energia interna U posseduta da un chilogrammo di esso e dall'equivalente termico del lavoro di dilatazione compiuto per ottenere la sua espansione, da un volume iniziale nullo, fino ad un valore V mantenendo costante la pressione

$$h = U + A \cdot p \cdot V$$

L'ENTROPIA (S) è la sommatoria della variazione di Q (calore) su T (temperatura). È fondamentale perché sempre crescente nell'universo. Un sistema ad entropia crescente è destinato a finire

$$S = \sum \frac{\Delta Q}{T}$$

## LE TURBINE IDRAULICHE

| TIPO TURBINA | | NUMERO DI GIRI | REAZIONE | SALTO H (m) |
|---|---|---|---|---|
| PELTON | 1 GETTO | 12-30 | | |
| | 2 GETTO | 17-42 | | 300-2000 |
| | 3 GETTO | 24-60 | | |
| FRANCIS | LENTA | 60-100 | 0,3 – 0,4 | |
| | NORMALE | 100-200 | 0,4 – 0,5 | 50-40 |
| | VELOCE | 300-400 | 0,6 – 07 | |
| KAPLAN | Idem c. s. | 400-600 | 0,7-0,8 | 30-18 |
| | | 600-800 | | 18-10 |
| | | 800-1000 | | 10-5 |

Nella Pelton il numero di giri caratteristico è dato da:

$$n = 230\sqrt{Z}\,\frac{D}{d}$$

D = CIRCONFERENZA GETTI
d = DIAMETRO GETTI
Z = NUMRO BOCCAGLI

POTENZA
γ = PESO SPECIFICO

$$N = n\frac{\gamma \cdot Q \cdot H}{75}\,[cv]$$

$$N = n\frac{\gamma \cdot Q \cdot H}{75} \cdot 736\,[W]$$

Q = PORTATA
H = SLTO
n = NUMERO DI GIRI

Il numero di giri caratteristico è un dato di progetto e dipende da un tipo standard di turbine.

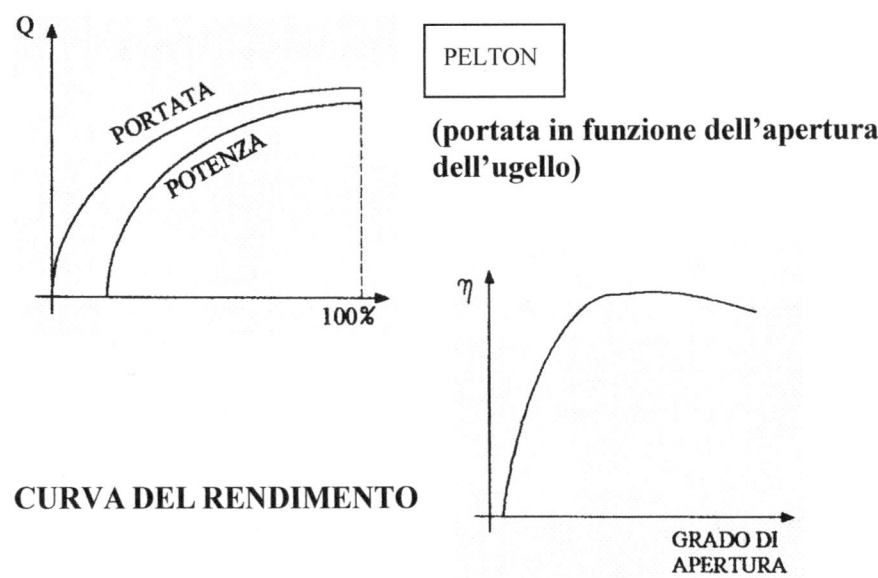

PELTON

**(portata in funzione dell'apertura dell'ugello)**

**CURVA DEL RENDIMENTO**

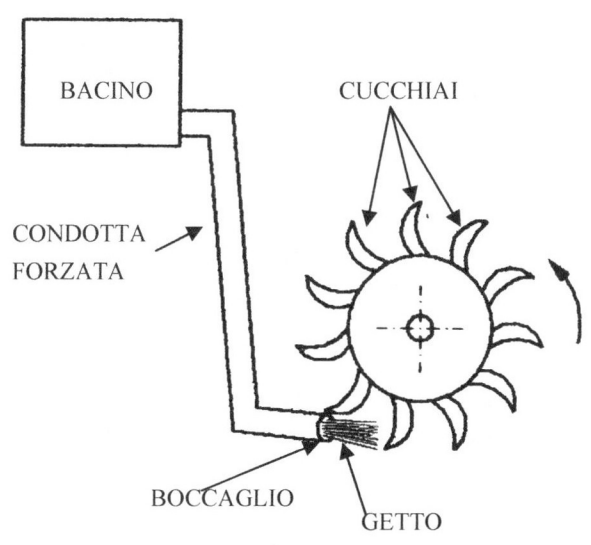

BACINO

CUCCHIAI

CONDOTTA FORZATA

BOCCAGLIO

GETTO

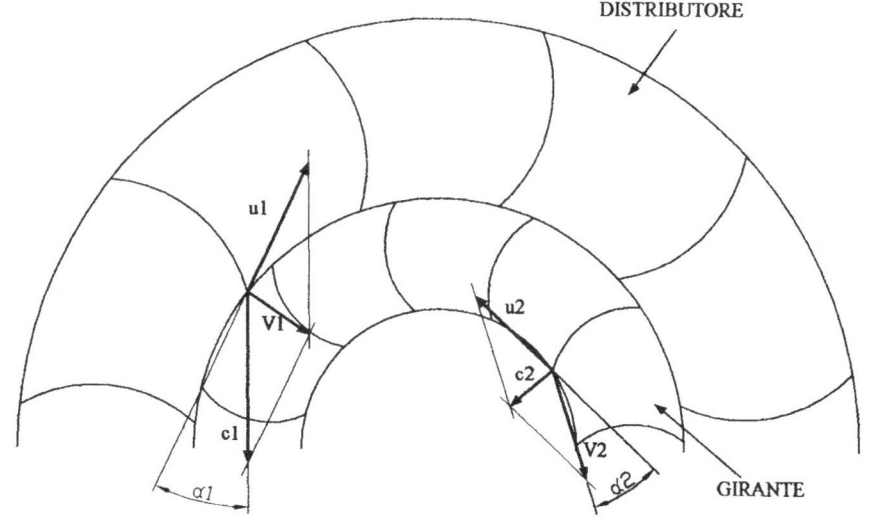

DISTRIBUTORE

GIRANTE

**TRIANGOLO VELOCITÀ DI UNA TURBINA PELTON (A DESTRA QUELLI DELLA FRANCIS E SIMILARI SONOQUELLI DELLA KAPLAN)**

$$V = \varphi\sqrt{2gH}$$

φ = COEFFICIENTE PRATICO (tiene conto delle perdite)

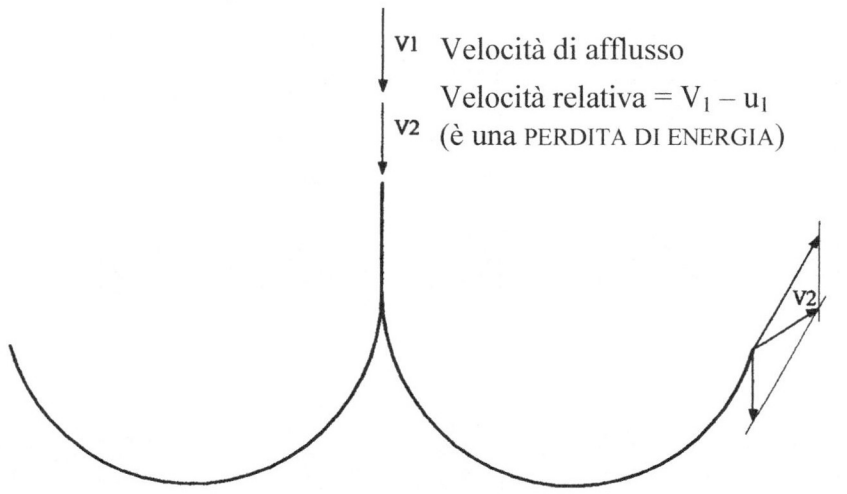

V1 Velocità di afflusso

Velocità relativa = $V_1 - u_1$
V2 (è una PERDITA DI ENERGIA)

$v_1 = V_1 - u_1$

$u_1$ = VELOCITÀ DI TRASCINAMENTO
$V_1$ = VELOVITÀ RELATIVA D'INGRESSO
$V_1$ = VELOCITÀ ASSOLUTA DI INGRESSO

$$u_1 = \frac{(\varphi \cdot n_1 \cdot H)}{V_1 \cdot \cos\alpha}$$

## CICLO DI CARNOT

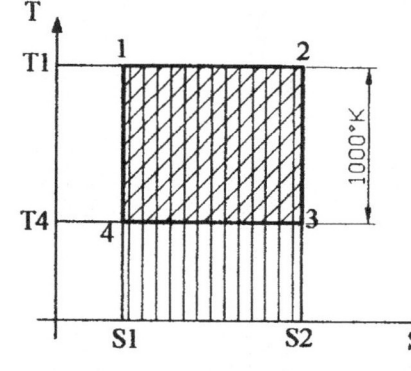

- 1-2 e 3-4 sono ISOTERME
- 2-3 e 4-1 sono ISOENTROPICHE

$$\eta = \frac{(S_4 - S_1) \cdot (T_1 - T_4)}{(S_2 - S_1) \cdot T_1} = \frac{A_{1,2,3,4}}{A_{1,2}}$$

Questo ciclo è quello che ha il **MAGGIOR RENDIMENTO** (anche dei cicli Otto e DIESEL)

$\eta \cong 40 \div 45\%$

# TURBINE A VAPORE

- TURBINE A AZIONE
  - SALTO DI PRESSIONE
  - SALTO DI VELOCITÀ

- TURBINE A REAZIONE
  - TURBINE PARSON

## Triangoli di velocità

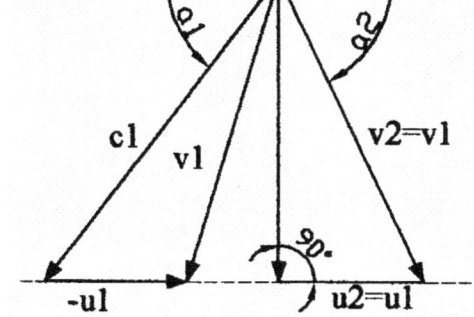

$C_1$ = VELOCITÀ ASSOLUTA D'INGRESSO

$C_2$ = VELOCITÀ ASSOLUTA DI USCITA

$V_1$ = VELOCITÀ PERIFERICA TURBINA

$V_2$ = VELOCITÀ RELATIVA USCITA

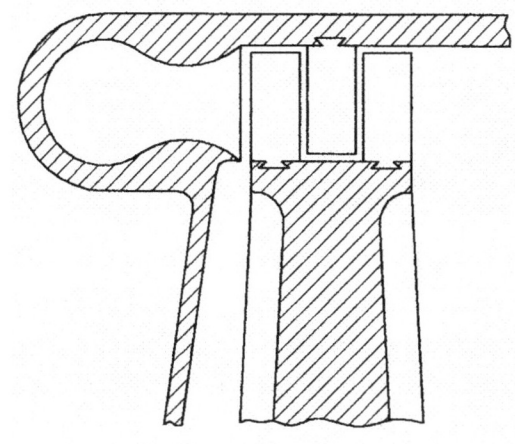

**SALTI DI VELOCITÀ**

$$2U_1 = C_1 \cos\alpha_1$$

$$U_1 = \frac{C_1 \cos\alpha_1}{2}$$

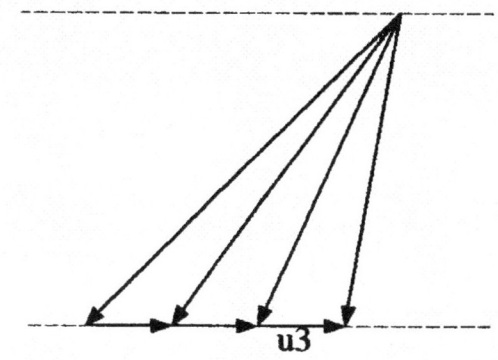

**SALTI DI PRESSIONE**

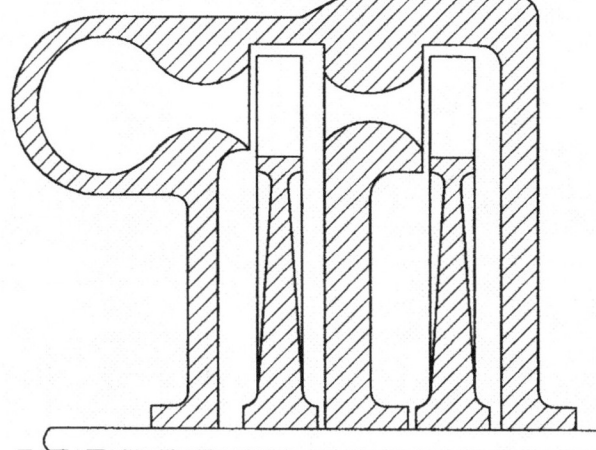

## MOTORE ENDOTERMICO, A QUATTRO TEMPI ...........

Un motore trasforma in energia
meccanica altre forme di energia
(termica, ecc.........)

Le quattro fasi sono:

- **ASPIRAZIONE**
- **COMPRESSIONE**
- **SCOPPIO**
- **SCARICO**

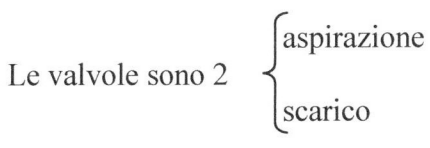

Le valvole sono 2 $\begin{cases} \text{aspirazione} \\ \text{scarico} \end{cases}$

**Il RENDIMENTO è piuttosto BASSO.**

SULLE PARTI PIU' COMPLESSE DELLE MACCHINE , IL
CORSO PREVEDEDE DELLE RICERCHE DI
APPROFONDIMENTO CON LA METODOLOGIA DELLE
RICERCHE MULTIMEDIALI SU INTERNET , AVENDO A
QUESTO PUNTO DELLO STUDIO, ACQUISITE TUTTE LE
TERMINOLOGIE, LE CONOSCENZE E LE COMPETENZE,
PER AFFRONTARE UNA PERSONALE E DIVERTENTE
RICERCA, DI RISCONTRI E DI APPROFONDIMENTI SUL

WWW , CHE PROPONE AFFASCINANTI
VISUALIZZAZIONI DELLA MATERIA. TRAMITE I
MOTORI DI RICERCA..

SI PROPONE DI INIZIARE
L'ESPLORAZIONE DI INTERNET DAL
PORTALE
# WWW.VALTERCAGGIO.COM
**E DAI SITI WEB IN ULTIMA PAGINA,**
SENZA TRASCURARE L'OSSERVAZIONE
DAL PUNTO DI VISTA MECCANICO DI
TUTTI GLI OGGETTI DELLA VITA
QUOTIDIANA. BUON LAVORO E BUON
DIVERTIMENTO, PROF CAGGIO.

**INDICATIVAMENTE IL CORSO PUÒ ESSERE
COMPLETATO IN CINQUANTA UNITÀ
DIDATTICHE DI CIRCA UN'ORA,** COME FATTO
CON I MIEI STUDENTI ELETTROTECNICI CHE
HANNO COLLABORATO A QUESTI APPUNTI,
CONSIGLIABILI ANCHE AI MECCANICI CHE, A
VOLTE, STUDIANO IN MODO FRAMMENTARIO.

# APPENDICE 1

LA NORMATIVA UNI, VECCHIA, **DELLA CLASSIFICAZIONE E DESIGNAZIONE DEGLI ACCIAI,** RISULTA PIU' INTUITIVA, ESPLICITA,**DIDATTICAMENTE EFFICACE** NELLA DETERMINAZIONE DEI PARAMETRI COME IL SIGMA A ROTTURA DA USARSI NEGLI ESERCIZI DI MECCANICA; PER CUI SI FARA' ANCORA RIFERIMENTO ALLA RELATIVA DESIGNAZIONE DELLE SIGLE IDENTIFICATRICI DEGLI ACCIAI (O ANALOGAMENTE DELLE GHISE).

**LA CLASSIFICAZIONE DEGLI ACCIAI SEGUE DUE CRITERI:**

**1) DESIGNAZIONE DI ACCIAI SECONDO LE CARATTERISTICHE FISICO MECCANICHE** ESEMPIO **FE 360, FE 480** OVVEROSSIA ACCIAI DA COSTRUZIONE GENERICA CON CARICO **SIGMA A ROTTURA MINIMO GARANTITO DAL COSTRUTTORE DI 360 N** AL **MILIMETROQUADRO O RISPETTIVAMENTE DI 480 N** AL **MILLIMETROQUADRO.**

**2) DESIGNAZIONE DEGLI ACCIAI IN BASE ALLA COMPOSIZIONE CHIMICA** ED ALL'**ATTITUDINE DI SUBIRE TRATTAMENTI TERMICI:** OSSIA **CICLI DI RISCALDAMENTO E DI RAFFREDDAMENTO DEI PEZZI IN** ACQUA(DRASTICO), IN OLIO(MENO DRASTICO) ED IN ARIA(BLANDO), TALE DA CONFERIRE **UNA RESISTENZA A**

**TRAZIONE ED UNA DUREZZA (ES.VIKERS),** RISPETTIVAMENTE DECREScenti E SI PRESENTANO COME **C40, C50,** C100, CHE SONO **ACCIAI DA BONIFICA**(TEMPRA + RINVENIMENTO), **AL SOLO CARBONIO** DI CUI 40, 50, 100 RAPPRESENTANO LA PERCENTUALE DI CARBONIO MOLTIPLICATA CENTO (OSSIA C40=0,4% C, C100=1% C). **OPPURE, PER GLI ACCIAI LEGATI 4NiCrMo8,** DOVE IL PRIMO 4 RAPPRESENTA L'1% DI CARBONIO E 8 RAPPRESENTA IL 2% DI NICHEL, CON CROMO E MOLIBDENO A PERCENTUALI INFERIORI(4:4=1 , 8:4=2, **4=COEFFICIENTE MOLTIPLICATOR**E). PER TUTTI QUESTI ACCIAI DELLA SECONDA CATEGORIA, **I DATI DI INTERESSE MECCANICO, SI DEVONO RICERCARE NELLE TABELLE UNI** RELATIVE, ALLE QUALI, I COSTRUTTORI SI ATTENGONO.

LE GHISE (ALTA PERCENTUALE DI CARBONIO), VENGONO DESIGNATE IN BASE ALL'IMPIEGO, COME **G220 (SIGMA A ROTTURA MINIMO GRANTITODI 220 N** AL **MILLIMETROQUADRO**)PER PRODUZIONI DI **GETTI**(FUSIONI), O COME **GS400** GHISA **SFEROIDALE**(UN ALLIGANTE PRODUCE LA RIDUZIONE DEL CARBONIO IN SFERULE, DETERMINANDO, PER IL RESTO DEL PEZZO UNA MATRICE METALLICA PIU' SIMILE ALL'ACCIAIO). **400 N**AL MILLIMETRO QUADRO E' IL CARICO A ROTTURA O **SIGMA ROTTURA** CHE COME SI VEDE E' UN PARAMETRO ELEVATO, PER LE GHISE E SIMILE A QUELLO DEGLI ACCIAI, DETERMINANDO LA POSSIBILITA' DI MANUFATTI DI MAGGIOR PREGIO MECCANICO PER QUESTE GHISE SFEROIDALI, ESEMPIO, I PISTONI.

# APPENDICE 2

UNA TRAVE SNELLA, P. 22, CHE RUOTA SU SE STESSA CON VELOCITÀ ANGOLARE OMEGA IN RADIANTI AL SECONDO , TRASMETTE UNA POTENZA DA UNA ESTREMITÀ ALL'ALTRA DI QUEST'ORGANO MECCANICO CHE SI CHIAMA ALBERO, IN QUANTO OLTRE LE FORZE DI TAGLIO CHE SI SVILUPPANO SUI NECESSARI DUE SUPPORTI SCHEMATIZZABILI CON DEGLI APPOGGI, P. 23, TRASMETTONO UN MOMENTO TORCENTE IN PIANO ORTOGONALE AL MOMENTO FLETTENTE. LA POTENZA TRASMESSA DA UN 'ESTREMITÀ ALL'ALTRA DELL'ALBERO VALE: MOMENTO TORCENTE X OMEGA [N METRO X 1/S=W]. I SUPPORTI SI REALIZZANO CON CUSCINETTI, BRONZINE…. E GENERANO DELLE FORZE REATTIVE VERTICALI, IL DIAGRAMMA DEL MOMENTO TORCENTE È COSTANTE SU TUTTO L'ALBERO E VALE: POTENZA/VELOCITÀ ANGOLARE.

IN REGIME STAZIONARIO, OPPURE APPLICANDO DEBITAMENTE IL PRINCIPIO DI D'ALAMBERT, P. 51, SI PUÒ RISOLVERE QUESTO PROBLEMA DINAMICO IMPIEGANDO LE VARIE RAPRESENTAZIONI DI TRAVI VINCOLATE DELLA STATICA CHE SI SONO VISTE.

ALLE ASTREMITÀ DELL'ALBERO, POSSONO ESSERE INSERITI DEGLI INGRANAGGI CHE RICEVONO IL MOTO E LA POTENZA DA ALTRI ALBERI E CHE AD ALTRI LA CEDONO. GLI INGRANAGGI SEMPLICI SONO CILINDRICI A DENTI DIRITTI. UN DENTE HA UNA STRUTTURA A TRAVE INCASTRATA NEL CORPO CILINDRICO DELL'INGRANAGGIO CON DUE SUPERFICI AD EVOLVENTE DI CERCHIO CHE CONSENTONO AI DENTI DI DUE DIVERSI INGRANAGGI DI ROTOLARE SENZA STRISCIARE NELL'INGRANAMENTO, MANTENENDO SEMPRE LA STESSA DISTANZA TRA I CENTRI DEI DUE INGRANAGGI, OSSIA MANTENEDOSI SEMPRE SUI DIAMETRI PRIMITIVI, ECCO CHE COSÌ, IN BASE ALLA DIVERSA VELOCITÀ ANGOLARE, DOVUTA AL RAPPORTO DEL NUMERO DI DENTI, SI OTTIENE IL FONDAMENTALE RAPPORTO DI TRASMISSIONE COME RAPPORTO TRAI DIAMETRI PRIMITIVI.

L'ALTEZZA DEL DENTE OLTRE IL DIAMETRO PRIMITIVO, SI CHIAMA MODULO, SOTTO IL DIAMETRO PRIMITIVO, PUÒ ESSERE DI 11/10 IL MODULO , PER NON INTERFERIRE SUL DIAMETRO DI TRONCATURA INTERNO (SUL FONDO). IL DIAMETRO PRIMITIVO SI PROPORZIONA COME NUMERO DI DENTI Z X MODULO. OVVIAMENTE I DENTI SI DISPONGONO IN MODO EQUIDISTANTI SULLA CORONA.

NOTA METODOLOGICA: POTER RILEGGERE IN POCHISSIMO TEMPO TUTTI GLI ELEMENTI BASE DELLA MECCANICA E DELLE MACCHINE, ORGANICAMENTE RELAZIONATI, E' FONDAMENTALE PER TUTTI COLORO CHE NON POSSONO IGNORARLE; ELETTROTECNICI, SISTEMISTI E TUTTI COLORO CHE NON PREPARATI, SI DEVONO OCCUPARE DI FATTO DI QUESTO SETTORE, IMPRESCINDIBILE IN PRATICA. PIU' CHE UNA LETTURA, IL TESTO RICHIEDE DI OSSERVARE E RAGIONARE SULLA MATERIA, MEGLIO SE IN COMPAGNIA.

**INDIRIZZI INTERNET, CHE CON GLI ULTERIORI LINK PORTANO LA NAVIGAZIONE LONTANO:**

www.magnaromagna.it/test/meccanica.php

www.italianmec.com

www.engines.polimi.it/Macchine/Corso_macchine_Cap1.pdf

http://meccanica.ing.uniroma2.it/main

www.atuttasquola.it/didattica/meccanica_e_macchine_a.htm

http://it.wikipedia.org/wiki/macchina

www.uni.com

www.emagister.it/corsi-meccanica-di-automobili-ek562.htm

http://paginegialle.ilsole24ore.com/cat/meccanica.html

www.link-utili.it/aziende-meccanica.html

www.mecc.polimi.it

www.sussidiario.it/meccanica/index.shtm

...............*note del Lettore*..................

..................................................................
..................................................................
..................................................................
..................................................................
..................................................................
..................................................................
..................................................................
..................................................................
..................................................................
..................................................................
..................................................................
..................................................................
..................................................................
..................................................................

**l'Autore ringrazia per l'attenzione.**

**FINE**